黄河國家治理文獻集成（民國卷）第二十四册

《黄河國家治理文獻集成》編委會　編

總第八十八册

綏遠省後套灌溉區初步整理工程計劃概要

綏遠省水利局　編

白胡日查　編

山東董莊黄河堵口工程紀要

孔祥榕　著

白胡日查　編

內蒙古出版集團
內蒙古人民出版社

圖書在版編目（CIP）數據

綏遠省後套灌溉區初步整理工程計劃概要 / 綏遠省水利局編 ; 白胡日查編. 山東董莊黄河堵口工程紀要 / 孔祥榕著 ; 白胡日查編. -- 呼和浩特 : 内蒙古人民出版社, 2025. 8. --（黄河國家治理文獻集成）. -- ISBN 978-7-204-18469-9

Ⅰ. S275; TV871.3

中國國家版本館 CIP 數據核字第 2025MX5855 號

綏遠省後套灌溉區初步整理工程計劃概要　山東董莊黄河堵口工程紀要

綏遠省水利局　編　　孔祥榕　著

編　　者　白胡日查
策劃編輯　何可欣
責任編輯　賈大明
裝幀設計　劉那日蘇　吉　雅　安立新
責任監印　王麗燕
出版發行　内蒙古出版集團　内蒙古人民出版社
地　　址　呼和浩特市新城區中山東路 8 號波士名人國際 B 座 5 層
網　　址　http: //www.impph.cn
印　　刷　内蒙古愛信達教育印務有限責任公司
開　　本　880mm × 1230mm　1/16
印　　張　10.75
字　　數　120 千
版　　次　2025 年 8 月第 1 版
印　　次　2025 年 8 月第 1 次印刷
印　　數　1—1000 册
書　　號　ISBN 978-7-204-18469-9
定　　價　90.00 元

如出現印裝質量問題，請與我社聯繫。聯繫電話：（0471）3946120

編纂委員會

引　言

千古河流成沃野，幾年沙勢自風湍。

得益于黃河冲積所帶來的疏松土質和有機物，中華先民利用石製工具開始了農業生産，并逐步發展出旱地粟作農業，『能够最大程度保障食物供給的穩定性，奠定了中華文明起源和形成的堅實基礎』〔一〕。而利用河水灌溉，提高區域可預測農業産量，『在産業史上起着最有决定性的作用』〔二〕。隨後，技術進步、經濟發展、人口增加，讓先民的文化生活大爲豐富。嚴文明先生評價道：『這是一場影響深遠的革命。』〔三〕在這場革命中，平衡水、沙、産、人四者之間的關係，始終是黃河治理的核心問題。四者關係一旦失衡，就容易引發諸多灾患。

歷史上，黃河下游因人口稠密、經濟發達，一直是學術界關注的重點。但自河源至今内蒙古托克托縣河口鎮的黃河上、中游區域，雖遠離王畿，人口稀疏，却也一直備受關注，人們逐步認識到黃河全流域治理是國家的重要任務。《漢書》載：『堤防之作，近起戰國，雍防百川，各以自利。』〔四〕没有全流域的協同治理，僅靠各地分段築堤，則黃河河患無法解决。秦建立了中國歷史上第一個中央集權大一統王朝，秦始皇東巡碣石，刻石銘記『决通川防，夷去險阻』〔五〕，開啓中央政府調動各要素治黄之先河，這『在中國，實質上是國家的一種職能』〔六〕。同時，國家通過對黄河的有效治理，爲沿黄流域人民群衆乃至其他地區人民群衆提供了重要的公共物品和産業支撑，成爲人民群衆眼中中央政府的功過評價指標之一。因此，治黄在增强沿黄各族群國家、政治、文化認同的基礎上，强化了中國大一統國家的合法性，成爲歷代國家治理能力的一個重要測度。

一、黄河治理維護了國家的社會穩定

從秦并六國到漢朝建立大一統國家，中國統一的多民族國家形成并得到初步發展。當時中央政府對所轄疆域有『北邊郡』和『内郡』之稱。内蒙古額濟納旗出土的居延漢簡有載，『豤（墾）田以鐵器爲本北邊郡毋鐵官印器内郡令郡以時博賣予細民毋令豪富吏民得多取販賣細民』，可以看出北邊郡是與内郡相對應的行政管轄區域。《史記》卷二十八『封禪書第六』載：『上乃遂去，并（并）海上，北至碣石，巡自遼西，歷北邊至九原。』〔七〕。《史記》卷三十『平準書第八』載：『天子北至朔方，東到太山，巡海上，並（并）北邊以歸。』〔八〕司馬遷多次提及北邊，足見統治者對北邊治理的重視。

漢武帝時，齊人延年提出從今内蒙古引黄河水經今北京一帶，向東注入渤海，以衛北部邊疆。『是時方事匈奴，興功利，言便宜者甚衆。齊人延年上書言：「河出昆侖，經中國，注勃海，是其地勢西北高而東南下也。可案圖書，觀地形，令水工準高下，開大河上領，出之胡中，東注之海。如此，關東長無水災（灾），北邊不憂匈奴，可以省隄（堤）防備塞，士卒轉輸，胡寇侵盜（盗），覆軍殺將，暴骨原野之患。天下常備匈奴而不憂百越者，以其水絶壤斷也。此功壹（一）成，萬世大利。」』[九]《史記》卷二十四『樂書第二』載：『天馬來兮從西極，經萬里兮歸有德。承靈威兮降外國，涉流沙兮四夷服。』[十]如今，包頭地區出土了『四夷盡服』瓦當，出土文物與傳世文獻的呼應，成爲黃河治理維護祖國北部邊疆穩定的見證。

《史記》卷三十『平準書第八』載：『嚴助、朱買臣等招來東甌，事兩越，江淮之閒（間）蕭然煩費矣。唐蒙、司馬相如開路西南夷，鑿山通道千餘里，以廣巴蜀，巴蜀之民罷焉。彭吳（吴）賈滅朝鮮，置滄海之郡，則燕齊之閒（間）靡然發動。及王恢設謀馬邑，匈奴絶和親，侵擾北邊，兵連而不解，天下苦其勞，而干戈日滋。』[十一]清代《汾陽縣志》卷十三『藝文』收録曹學閔《開修黃蘆嶺車路紀德政碑記》，上載：『永寧州，界連西陲，北達邊外歸綏諸路，商賈遠貿粟麥，泛皮船隨黃流南下，聚于州西磧口，一府之民仰利賴焉。而東至太原，南抵平陽，州縣凡二十餘，亦視汾爲橐籥，蓋所繫非特一方生計矣。』[十二]民國時期，東北淪陷後，開發西北刻不容緩，而『黃河中游之水利，自應加以擴充及整理，藉（借）收桑榆之效，以挽狂瀾於（于）萬一』[十三]。

因黃河流域自然條件優越，歷朝歷代都十分重視對此地的開發，通過强有力的國家干預方式推動各類產業的發展，爲中國北部疆域的形成和社會穩定奠定了基礎。

二、民族交往、物資交流、技術轉移促成黄河治理共同體

《史記》卷十五『六國年表第三』載：秦始皇三十三年（前214），『築長城河上，蒙恬將三十萬』[十四]。這數十萬人中，擁有一技之長的人員不在少數。由此，邊地人口不斷增多，而豐富的物産則促進了商品交流與統一市場的形成。西漢《鹽鐵論·力耕第二》記録了『异物内流』的情形：『是以贏（騾）驢馲駞（駝），銜尾入塞，驒騱騵馬，盡爲我畜，鼲鼦狐貉，采旃文罽，充於（于）内府，而璧玉珊瑚瑠（琉）璃，咸爲國之寶。』[十五]此後，黄河北岸的『贏（騾）驢馲駞（駝）』『驒騱騵馬』『鼲鼦狐貉』『采旃文罽』與西南織錦、中原麻織、農作物等物資相互交流，逐步形成統一的國内大市場，加强了邊疆與其他地區的經濟聯繫，促進了邊疆特色産業的發展。

隨着民族交往交流交融的增强，清代以降，黄河流域内蒙古段輸入到内地的也不僅僅是『异寶』了。《綏遠通志稿·水路》載：『自乾隆以還。口外墾殖日廣。民殷物阜。出境之油、糧、鹽、鹼（碱）、甘草各貨。入境之日用雜貨。山西與歸綏往來之商運。凡經河路者皆以托屬河口爲唯一之碼頭。』[十六]從清乾隆年間到民國時期，由内蒙古經黄河運到山西的貨物有糧、油、鹽、碱、藥材、皮毛等，其中以糧油爲最大宗。糧食品種主要有糜黍、穀子、高粱、豆類及玉米、大小麥

等，油料主要是胡麻。內蒙古供貨支綫有從阿拉善盟阿拉善左旗吉蘭泰鹽池到山西呂梁市磧口鎮的運鹽駝路，五原縣、臨河區一帶各大幹渠的運糧水道，杭錦旗、達拉特旗的甘草馱運綫，鄂托克旗的運碱駝路。內蒙古段各條支綫以供貨爲主，山西段若干支綫以運銷爲主。

《臨縣志》載：『清朝乾隆至民國年間，陝、甘、綏、蒙等地的物資，通過此航綫運達磧口，再用牲口馱運到離石、吴城，轉運至東路（汾、平、介、孝等縣）。據民國 20 年（1931）統計，每年從綏遠磴口航至磧口的貨船不下 4000 餘艘』，『是陝、甘、綏、寧與晋西北物資集散之重鎮』。[十七]可見，內蒙古在甘肅、寧夏與陝西、山西等沿黄上下游物資交易中起到了重要的聯結作用；同時也吸引了山西、陝北、河北、山東、甘肅等地的農民遷移至此，并將開渠打壩、引水澆地等農業生産技術、手工技術和商業貿易經營方式帶到這裏。他們在此扎根，除了從事農業生産外，還挖甘草、下窑背炭、在黄河上拉船、在沙漠中拉駱駝、打短工放冬羊、開碾磨油坊，等等。不同地域、不同民族的人們合力修築河渠、引水興業，逐漸形成休戚與共的共同體。其間積纍的産品交易、商業管理、社會治理等方面的經驗，在今天依然有借鑒意義。

清代『首重治河，探河源以窮水患』[十八]，但更深層次的考量是『宣揚大一統及增强國家認同』[十九]。黄河流域人口基數大、分布廣，而全流域治理理念將不同地區、不同民族的人們凝聚成命運共同體，而『大一統』理念正是這一治理實踐的核心主題。

三、黄河流域拓展了中國的發展空間

早期統治者因巡幸及邊防建設所需，統籌管理沿黄河運與秦直道等沿黄馬道，維持着中央政府對北邊的有效治理。河套平原引黄渠道的建設爲秦漢王朝屯田事業提供了基本的水利保證，并將這些區域變成防禦北部邊患的大後方與根據地。于是，沿黄馬道、沿黄河運與萬里茶道、草原絲路等陸路運輸聯通起來，促進了中華文明與其他文明的交流互鑒，拓展了新的發展空間。

新中國成立之後，沿黄各族兒女在中國共産黨的領導下團結合作、艱苦奮鬥，實現了大河安瀾。黄河流域建立起行之有效的防洪抗汛機制，支撑着沿岸的産業發展，改善了周邊生態環境。當代治黄史證明，正是由于中國共産黨的正確領導以及集中力量辦大事的制度優勢，纔從根本上减輕了河患的威脅。進入新時代，黄河流域在築牢安瀾根基的同時，以蓬勃活力拓展着中國的發展空間。沿黄九省區在協同發展中不斷釋放潛力，讓黄河流域成爲國家區域協調發展戰略中不可或缺的重要一極，爲中國的發展源源不斷地注入新動能。

綜上所述，黄河流域的治理不是單純的河道治理、生態環境治理或社會治理，而是一種關涉水、沙、産、人四者關係的系統性、協同性治理，是推動國家可持續發展的動力，也是厘清國家治理與邊疆治理兩者動態交互實際效果的絶佳視角。而黄河工程等『中國本土理論資源、學術積纍』〔二十〕，有助于研究國家治理的演進歷程。進入新時代，黄河治理與國家治理的關係研究不斷開闢新視角、持續涌現新成果，其中鑄牢中華民族共同體意識、邊疆治理與黄河流域生態保護和高質量發展成爲非常重要的研究視角。因此，基于這一角度搜集整理黄河國家治理文獻，意義重大。《黄河國家治理文獻集成》，應運而生。

本叢書系統梳理了黄河治理的歷史脉絡與經驗，既爲新時代黄河流域生態保護和高質量發展提供了歷史鏡鑒，更以文獻爲載體，傳承了治理智慧、凝聚了民族力量，是服務國家發展戰略、鑄牢中華民族共同體意識的重要學術實踐。

《黄河國家治理文獻集成》編委會

二〇二五年一月

〔一〕韓建業：《中華文明的起源和形成》，載《中華民族共同體研究》2022 年第 4 期，第 80–91+172 頁。

〔二〕中共中央馬克思恩格斯列寧斯大林著作編譯局：《馬克思恩格斯選集》第二卷，人民出版社，2014 年，第 240 頁。

〔三〕嚴文明：《黄河流域文明的發祥與發展》，載《華夏考古》1997 年第 1 期，第 49–54+113 頁。

〔四〕（漢）班固：《漢書》卷二十九「溝洫志第九」，中華書局，1964年，第1692頁。

〔五〕（漢）司馬遷：《史記》卷六「秦始皇本紀第六」，中華書局，1963年，第252頁。

〔六〕冀朝鼎：《中國歷史上的基本經濟區與水利事業的發展》，朱詩鰲譯，中國社會科學出版社，1981年，第7頁。

〔七〕（漢）司馬遷：《史記》卷二十八「封禪書第六」，中華書局，1963年，第1398-1399頁。

〔八〕（漢）司馬遷：《史記》卷三十「平準書第八」，中華書局，1963年，第1441頁。

〔九〕（漢）班固：《漢書》卷二十九「溝洫志第九」，中華書局，1964年，第1686頁。

〔十〕（漢）司馬遷：《史記》卷二十四「樂書第二」，中華書局，1963年，第1178頁。

〔十一〕（漢）司馬遷：《史記》卷三十「平準書第八」，中華書局，1963年，第1420-1421頁。

〔十二〕（清）方家駒修，（清）王文員纂：《汾陽縣志》卷十三「藝文」，清光緒十年刻本，第57-58頁。

〔十三〕王華棠、劉錫彤、吳樹德：《黃河中游調查報告》，華北水利委員會編印，1934年，第1頁。

〔十四〕（漢）司馬遷：《史記》卷十五「六國年表第三」，中華書局，1963年，第758頁。

〔十五〕王利器：《鹽鐵論校注》，中華書局，1992年，第28頁。

〔十六〕綏遠通志館：《綏遠通志稿》第十册，內蒙古人民出版社，2007年，第176頁。

〔十七〕臨縣志編纂委員會：《臨縣志》，海潮出版社，1994年，第273、321頁。

〔十八〕趙爾巽等：《清史稿》卷一二六「河渠一」，中華書局，1977年，第3715頁。

〔十九〕劉惠：《乾隆朝重構黃河河源的實踐與國家認同》，載《清華大學學報》（哲學社會科學版）2018年2期，第147-154+195頁。

〔二十〕許耀桐：《當代中國「治理」概念的演進探析》，載《國家現代化建設研究》2023年3期，第100-111頁。

出版前言

黄河，中華民族的母親河，她不僅孕育了中華文明，更見證了中華民族數千年的發展歷程。習近平總書記深刻指出：『從某種意義上講，中華民族治理黄河的歷史也是一部治國史。』這一重要論述，爲新時代黄河文化的保護傳承以及流域治理提供了根本遵循，也深刻揭示了黄河治理在國家發展和民族復興進程中的核心地位。在學習貫徹習近平新時代中國特色社會主義思想，積極響應國家黄河流域生態保護和高質量發展重大戰略，大力推進北疆文化建設的背景下，《黄河國家治理文獻集成》的編纂出版，具有重要的歷史意義、學術價值與現實指導意義。

黄河治理，自古以來就是國家的頭等大事。從遠古時期大禹治水，到當代運用科學技術進行系統治理，中華民族在數千年的時間裏，積纍了豐富的治河經驗，留下了浩如烟海的文獻遺産。《黄河國家治理文獻集成》收録了元代至民國時期古籍、朱批奏摺、期刊圖片等多模態文獻資源。這些文獻内容豐富、維度多元，既包含記載河工技術、治理方略等的專書，又有漢文朱批奏摺、工程檔案以及不同區域的調查研究報告等。民國時期的文獻則標志着現代水利科學開始融入黄河治理，展現了我國水利事業在時代變革中的創新與發展。近代照片的收録則以更加直觀的方式將黄河治理、黄河沿岸的風貌呈現給讀者。

該文獻的出版，不僅是對瀕危黄河文化遺産的及時搶救與保護，更是對我國水利史、國家治理史、邊疆治理研究學術鏈條的重要補充，具有較高的文獻價值和學術意義。尤爲重要的是，這一集成工作，深度契合鑄牢中華民族共同體意識這一全黨全國各族人民的共同任務。各民族在治理黄河的歷史進程中，緊密協作、共同探索，這些珍貴文獻便是各民族交往交流交融和中華文明認同的生動見證。對這些文獻進行整理出版，能够讓各族人民更加深刻地認識到，在歷史長河中，各民族共同爲黄河治理貢獻了力量，共同守護了家園，從而進一步增强對中華民族共同體的認同感與歸屬感，夯實鑄牢中華民族共同體意識的歷史根基。

《黄河國家治理文獻集成》以『國家治理』爲核心綫索，構建起一個全面、系統、多維的文獻體系：在時間跨度上，聚焦從元代至民國這一傳統治河向現代水利轉型的歷史時期，爲深入研究我國水利事業的發展脉絡提供了清晰的時間坐標；在内容分類上，細緻劃分爲技術專著、工程檔案、區域研究、朱批奏摺、科學報告、圖片等類别，涵蓋黄河治理的各個方面，從不同角度展現了我國在黄河治理上的探索與實踐；在版本選擇上，秉持嚴謹、科學的態度，確保文獻内容的準確性與代表性，爲學術研究奠定堅實基礎。

在編纂過程中，叢書特别注重『全流域治理』的理念，不僅收録了有關下游防洪治河的重要文獻，還涵蓋了中游地區水土保持以及上游地區灌溉開發等方面的珍貴記載。這種對黄河全流域治理的全方位關注，與當前『共同抓好大保護，協同推進大治理』的要求高度契合，充分體現了叢書在傳承歷史文化遺産的同時，緊密服務于當代國家發展戰略的時代價值。

在出版過程中，嚴格保持原書的版式與行款，最大程度地還原文獻原貌。對于部分出現黴變、殘缺的頁面，運用先進的數字化修復技術進行精心處理，在保留原始批注與印章痕迹的基礎上，兼顧了文物的真實性與文獻的可讀性。

此外，爲了更好地服務讀者，方便學術研究，本叢書新增了目録、提要等内容，這些新增部分由編委會精心撰寫。新增目録一般編製二級，個别圖書編製三級；原書有目録而内文無對應標題的，根據原書目録照録；原書目録爲關鍵詞或者其他情况的不編製目録；原書目録與内文不一致的，以原書内文爲準；原書無目録的，按卷端、版心或其他部分輯録；一册書中收録多種圖書的，以書名爲一級標題，編製二或三級。在文字使用上，統一使用現代漢語規範繁體字，對于原版文獻中的异體字、避諱字也使用現代規範繁體字，無對應規範繁體字的保留原字。

《黄河國家治理文獻集成》的出版，是對黄河文化遺産的一次系統性、搶救性保護，具有重大而深遠的現實意義：從學術價值層面來看，叢書成功構建起一座連接傳統與現代治黄文獻的橋梁，爲黄河流域生態保護、水利工程史、國家治理史、邊疆治理、中華民族共同體學等多個領域的學術研究提供了豐富、翔實的基礎文獻，有力推動了相關學科的發展與創新；從文化價值角度而言，生動展現了北疆文化與黄河文化在歷史長河中的交融共生，爲内蒙古『北疆文化』品牌建設提供了堅實的文獻支撑，進一步豐富了中華文化的内涵與外延；從實踐價值方面考量，書中所藴含的治河理念爲我們在新時代背景下實現人與自然和諧共生、推動黄河流域可持續發展提供了寶貴的歷史經驗與智慧啓示。

在此，我們要衷心感謝各藏書機構的大力支持，正是他們提供了珍貴底本資源，纔使得本叢書的編纂出版成爲可能。同時，我們也要向文化遺産智能應用服務中華民族共同體建設『英才興蒙』團隊致以崇高的敬意，他們歷經五年的辛勤耕耘，以嚴謹的治學態度和專業的學術素養，對文獻進行了系統的整理和輯録，爲叢書的内容質量提供了堅實保障。此外，我們還要特别感謝内蒙古自治區黨委宣傳部、内蒙古出版集團將本叢書納入『北疆文庫』重點項目，并在出版過程中給予全方位支持與幫助。

我們衷心期待，這套凝聚着無數心血與智慧的《黄河國家治理文獻集成》，能够在新時代的『黄河大合唱』中奏響歷史的强音，爲黄河流域生態保護和高質量發展注入强大的歷史動力，讓黄河文化在保護中傳承，在傳承中創新，在創新中不斷發展，綻放出更加絢爛的光彩。同時，希望這套叢書能够成爲促進各民族文化交流、鑄牢中華民族共同體意識的重要載體，助力各民族更加緊密地團結在一起，共同爲實現中華民族偉大復興的中國夢而努力奮鬥，讓中華民族共同體意識在黄河文化的滋養下，扎根于每一位中華兒女的心中，成爲推動中華民族不斷前進的强大精神力量。

提要

綏遠省後套灌漑區初步整理工程計劃概要

《綏遠省後套灌漑區初步整理工程計劃概要》，王文景（1901—1955）撰，一九四六年綏遠省水利局鉛印發行。王文景，字叔彬，河北灤縣（今屬唐山）人，一九二七年畢業于交通部唐山大學土木工程科。歷任綏遠省水利局局長、内蒙古自治區水利局副局長等職。他畢生致力于河套地區水利建設，是近代河套水利開發的奠基人之一，曾主持制定興修河套灌區的方案并組織施工，包括開挖復興渠、修建黄楊閘工程、整修烏拉河及楊家河工程。

該書針對後套灌區存在的管道淤積與水旱灾害頻發問題，提出系統性治理方案：歸并原有十二條幹渠爲四大渠系（四首制），分建石閘精準調控水量；規劃在三盛公附近修建攔河壩與總幹渠，實現遠期『一首制』統一引水；修建黄河防洪堤，整修烏拉河并配套建設排水溝與抽水站，解决洪澇與鹽碱化問題；推廣壓碱衝洗技術改良土壤，同時結合建立水文觀測網絡和培養水利人才，構建科學治水體系。該文獻是近代西北水利開發的重要成果，奠定了現代河套灌區工程基礎。

山東董莊黄河堵口工程紀要

《山東董莊黄河堵口工程紀要》，孔祥榕（1890—1941）著，一九三六年鉛印發行。孔祥榕，字仰恭，山東曲阜人，民國時期著名水利專家，歷任黄河水利委員會副委員長、代委員長等職，長期致力于黄河治理。孔祥榕畢業于京師譯學館，早年參與永定河堵口工程，後主持黄河董莊堵口等重大水利工程。

該紀要系統記録了一九三五年黄河董莊決口後堵復工程的全過程。重點載録了孔祥榕提出的三大核心方案——築挑水壩衝刷新灘、開挖引河分流、雙壩基對進合龍，以及其在決策過程中力排衆議、反對掘開民埝（指民間修築的堤防）、堅持保護套河地區數十萬民衆生命財産安全的關鍵立場。書中詳盡呈現了工程籌備、具體施工技術細節及應急搶險措施。

目录

綏遠省後套灌溉區初步整理工程計劃概要

山東董莊黃河堵口工程紀要

序

我國自古以農業建國，農業社會垂二千年之久，人民經濟立基於斯，欲期民生充裕，進而踏於工業建設，必先發展墾殖，使地盡其利而後可，於是興水利，廣灌溉，尤為農業生產之先決條件，遠溯在二千年前，先賢雖已有水利之講求，而相延至今，一般墨守成規，迄無顯著之進步、近世東西各國，相競以科學方法，研求治水，其發步效宏，遂使水利事業開一新紀元。

綏遠位居黃河上游，西部五、臨、安、米、狼、晏等六縣向稱後套地勢平衍，渠道縱橫，黃河與五加河環流合抱，形成天然進水排水道路，藉以發展灌溉，實屬天然之偉惠，語云：「黃河百害，唯富一套」惜往者均以土法開渠、進水退水無力管制，水漲則淹，下跌則涸，不惟未能水盡其利，且時遭旱澇之災，影響國計民生者至為重大。厚載初任建設之始，即謀後套水利之振新，四年以來，無時不在研求之中，並時與水利局王局長文景共同研討，王局長畢生精力集中水利，且在本省先後治水十餘年，其勘視足跡遍於後套，一萬二千里之大小渠道，今就其經驗學識草成「後套灌溉區初步整理計劃」一稿，以備水利工作者之參考，然以工程之大，空間之廣又兼抗戰資料欠缺，自問難期盡善，倘希國內水利碩彥，賜以指正，則斯刊之作於邊疆，前途或不無裨益也

付厚載謹識

中華民國三十五年十月　日

綏遠省後套灌溉區初步整理工程計劃概要 序

綏遠省後套灌溉區初步整理工程計劃概要勘誤表（第壹頁）

頁次或附表次	行次或附表欄次	字次	誤	正
2	9	16	賜	鴨
3	5	23	潛	梢
4	8	26	灣	侍
4	10	4	齊	齊下
4	13	37	無	雖
6	4	41	闊	澗
6	10	28	比	此
6	11	4	統	執一
7	1	4	波	陂
7	2	44	捎	梢
7	4	40	賓	實
7	9	20	捎	梢
7	10	22	捎	梢
7	14	8	掃	埽
8	4	26	彷	仿
8	6	37	在	閘
8	10	18	掃	埽
8	12	24	特	時
8	13	20	掃	埽
9	7	30	捎	梢
10	3	29	掃	埽
10	4	12	洞	涵
10	5	3	速	求
附表3	2	7	+2.24	+21.24
〃 〃	2	13	−7 38	−7.38
附表5	2	7	12.1	−12.1
附表7	11	5	122月日	12月2日
28	5	4	蝗	纜
28	6	27	蔣	將
附表17	9	3	78.715	78.215
40	3	35	00公尺	二00公尺
附表26	6	3	57.814	58.814
52	2	18	前年	年前
附表28	標題		流青	流青二字刪去
56	7	6	掃	埽
附表30	4	1	七	上
57	4	42	之吳氏	之吳氏三字刪去
58	12	8	具	其
60	3	4	(Benm)	(Berm)
63	12	43	櫚	欄
64	10	23		一
65	1	23	，效	效，
65	12	15	攜	灌
66	6	37		一
67	2	21	涮	刷
68	9	31	32	31
68	10	29		一
68	13		364	3.64
69	15	7		一
69	15	12	三	四
72	12	2	掃	埽
74	15	23~28	青	清
75	8	33	一十至一	二
76	5	33	段	程
77	8	8	經	徑
78	13	6	Rectangular Sgetem	Rectangular Sistem
83	11	35		一
84	12	13	自	白

後套灌溉區初步整理工程計劃概要目錄

第一章　緒言

後套水利，以農田灌溉為主，有豐富之水源，廣闊之灌域，平坦之地形，施工易，收效宏，深合總理實業計劃中大原田之訓示，亟宜即早整理開發，藉增大量之農產，本灌區西起烏拉河，東至西山嘴，與三湖河灌溉毗連，南臨黃河，北止狼山，總面積九千九百餘平方公里，合達十五萬市頃，幾為成都平原之兩倍，除預留發展後城鎮及道路沙丘地外，平沃待灌之地，可超過千萬市畝，信大農區，為黃河與五加河所環抱，大河行於南，水源取之不竭，五加河流於北，可為洩水之路，各渠由西南傾注東北，此灌彼瀉，形勢天成，灌溉條件具備，地形之優越如斯，誠西北最理想之灌溉區也。

本區水草豐美，宜農宜牧，自古為胡漢角逐之地，胡人得之，可以屯兵秣馬，南侵則掠潮汾，漢人得之，則以屯田實邊，一舉而據陰山，再舉而臨瀚海，歷代興亡，實所繫焉，按今之形勢而言，後套為綏省精華所寄，雄視平津，屏衛東北，控制外蒙之根據地，日後水利事業整理西北鐵道系統完成調兵糧之外，兼以移民，充實邊陲，內可以安人民之生機，外可以消不軌之隱圖，其意義之重大，當駕乎農田收益之上。

水利既興，百業振興，使後套成為廣大之糧倉，以容大量之軍民，而為開發綏省及西北之根據地，當為亟要之圖，爰議擬具後套工程整理計劃，以為本局實施之南針，而供各界之參攷焉。

第二章　概況

第一節　渠道沿革

後套水利伊始，遠在秦漢，惟歷代興廢，史無詳載，墾殖遺跡，湮沒難稽，考今日之規模，當發於清道光，而盛行於光緒，或云清康熙準噶爾之變以後，後套已有漢人開渠引水，傳僞皂火即爲彼時所創，有謂道光三十年，黃河北岸決口，自成一河，經地商合資，修成幹渠一道，名曰塔布，爲後套渠道之肇始，其時因多係地商集資經營，一經創辦利獲三倍，於是繼者日衆，爭相開挖，卒成大幹渠九道，小幹渠二十餘，至光緒二十九年，貽穀奉命來套督辦墾務，因水利與墾務休戚相關，遂將私墾蒙地，統歸官放，並籌渠務之發展，各地戶知地既歸公，渠道勢難據爲自有乃先後將自挖各渠呈請報效，貽穀將軍勘收後，大加整理，闊寬挖深，疏濬暢流，增開支渠，後套水利規模，於焉初備，民國以來逐年改善益臻其善，至三十年統計，全套共有四公尺至四十公尺寬之幹渠四十五道，總長一五七四公里，三公尺以上、子渠五四五道總長四〇〇七公里，年灌青苗已突出百萬市畝。

第二節　黃河概況

黃河爲後套各渠之唯一水源，自寧夏境北行偏東經石咀山磴口而至烏拉河口，乃入套境，其正幹沿鄂爾多斯北界及米倉，臨河，晏江，五原，安北五縣南界而東行，即今之所謂南河，其北則自磴口之傅家渠，折向東北沙陵地，循狼山之麓而下，匯注於五加河下游之烏梁素海，該河相傳為黃河故道，古之北河，南北兩河中間地區，即現之米倉，臨河，狼山，晏江，五原，安北六縣謂之後套，黃河百害，唯富一套，即指此也，迨北支傳家渠口段為沙堵塞，黃流淺斷，大流完全趨向南河，即目前黃河正槽也。

黃河出石嘴山北流，至河拐子，賀蘭山與卓子山雄峙兩岸，河床較為穩固，溯後套而上，距烏拉河口約三十公里，為可資利用之最近固定渠口，大河循道下即入沙漠地區後，西岸賀蘭山終斷，東岸山勢亦衰，為伊盟之邊緣，河道坡度逐減，落差甚微，水流漸緩，迨入綏境，黃河折而東行，北岸後套，平廣無際，南岸伊盟沙丘點點，兩岸約束蕩釋，河槽遂成寬淺，沙洲蟬聯，灘咀突出，叉流紛雜，大溜所指，河岸時淡，滄海桑田，年有變幻，此段黃河挾沙甚微，落差不大，而其流速，尚足以攜帶泥沙，水位漲落，恒按當升降，洪水時期，漫灘橫流，有沖刷中泓，疏浚河叉之功，低水時期，中溜歸槽，復有平定河槽之效，數十年以來，河道尚無劇深或淤高現象，自行調節，保持均衡狀態，兩岸雖有局部變遷，從未過五公里上下，以全部局勢而言，河道尚稱平穩，誠具長槽涵濟之益，引水灌溉四時咸宜。

第三節　渠口概況

本段黃河，為複式淺槽，河幅寬約一公里，水深平均約三．五公尺，兩旁地台，約寬一二公里，自烏拉河入口，至王六子渠退水出口，共長一八八．六公里，平均比降，六仟二百分之一，灌期流量，可達二千秒公方，含沙量在百分之〇．五左右，水位漲落約一．八公尺。

查後套各渠渠口，均係自流式，利用天然形勢，首臨大曲，平口承流，一無控制建築物之設置，其進水量，則視黃河之漲落而異，洪汛則全渠漫溢，時生潰決，水竭則提挈無方，常有淤淀，若遇過大洪水，則用埽工於口部築壩，斷絕洪流，待水落後，再行拆放，平時任水自流，無以操縱，幹渠如有淤淀，冬季即不閉口，放冰水入渠沖刷泥沙，淤淀過甚者，則於春融時濬挖，是以歷年以來旱潦不均，一切全恃黃河之水爲斷，所謂渠道，實與天然之河流無大差異。

各渠引水方法，大致相同，約分二種，一爲引用倒漾水，即渠口臨近黃河正槽，水流過急，挾沙最大，易爲大溜所侵，於是逆流上引以避之，而使河水經過迴流一次，消其功能，然後入渠，楊家河，永濟渠皆是，二爲引用套水，即於黃河汊流，引水入口，汊水清平水淺，兼有沉沙之功，是故水內含沙較正溜爲小，流勢穩定，最合理想，汊流比降甚緩，渠水放後，臨口水面跌落，汊流出口處水溜時亦逆流入渠，豐濟等，水量充足，如豐濟復興渠皆是，此二種方法，大抵均能因勢利導，歷年經驗所得，亦暗合科學原理。

各渠引水，皆就河岸開口，因河道常有變遷，北移則渠水盛旺，南移則水位立跌，流量立減，尤以較小幹渠，引水不多，受影響之甚者，且時斷流，至引水量較大之幹渠，如豐濟復興兩渠口，三十二年黃河灘南移三公里，而尤自能吸水沖刷引河一道，承接正溜甚過人工開挖，使我人相信，引水充分渠道，對河身局部遷移，尚無大礙。

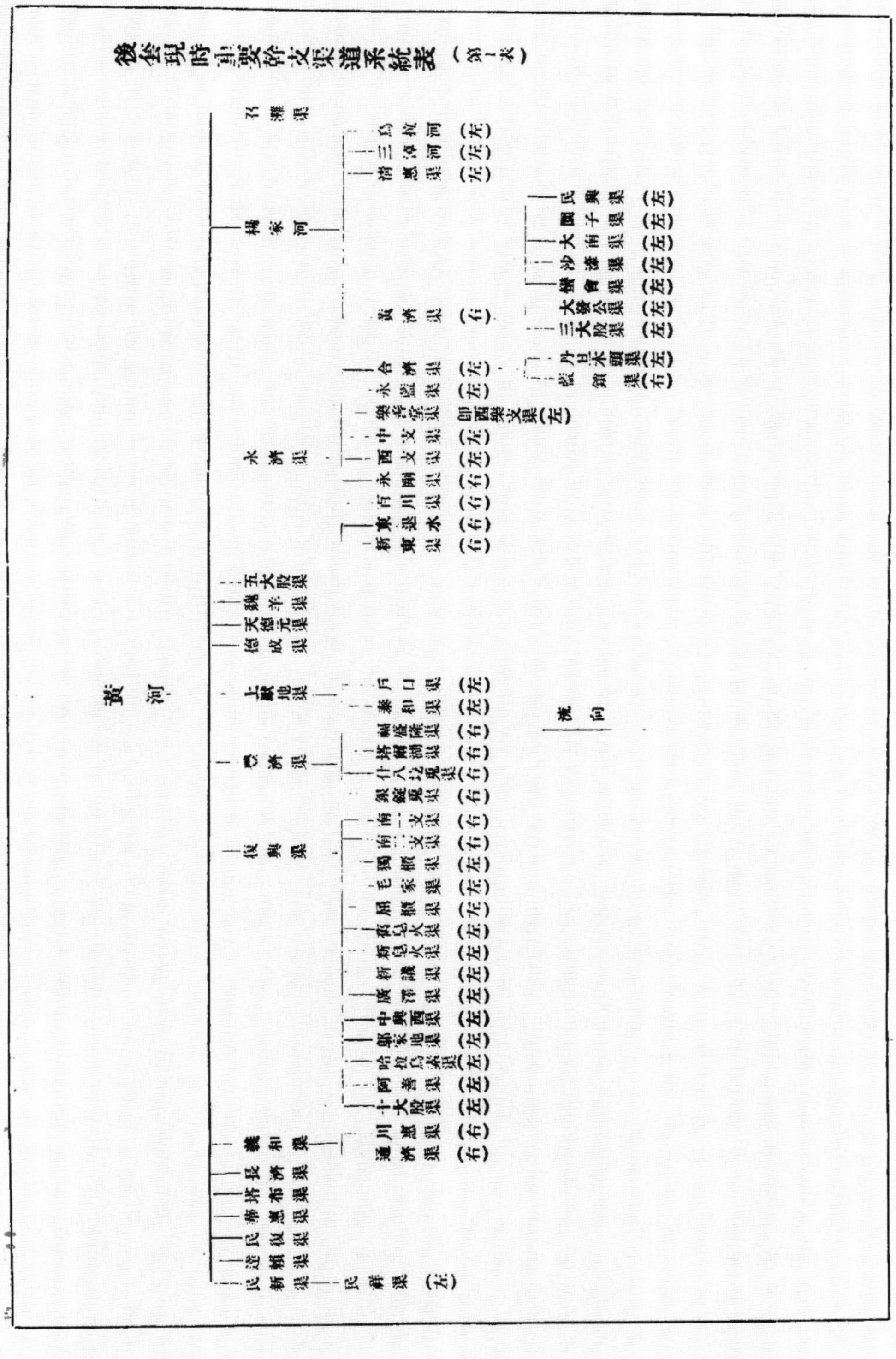
後套現時主要幹支渠道系統表（第一表）
黃河

第四節　渠道概況

後套渠道，有幹渠支渠子渠之別，以幹通支，以支達子，勢成一局，凡幹渠均係由黃河引水，較大者，如楊、黃、永、豐及其重支渠皆通達五加河，由之以爲退水，茲將截至三十年止，各幹渠狀況，表列於左。

第五節　三十年來各渠演進誌略

本區遠自清道光年間，邇由民初以迄抗戰期中，所開建之大幹渠，已及十三道，其中除復興渠外，無不自小而大，自窄而寬，多賴水力之沖刷，間亦以人力的疏浚，始獲有今日灌溉規模，各渠均爲自流式，而黃河仰承來溜，河內既無閘壩，水流入渠後，亦鮮節制之建築，渠水愈演愈大，迄今漸感到流宏量巨，時難控制之災焉，茲附以各大幹渠之演進略陳如左

甲　渠口及進水量

套內河岸，俗有灘地及老棱之稱，遇較大之汛水，可浸及老棱（即穩定之黃河老岸）灘地則沉沒水中，灘地寬度之達枯水邊時，最遠者，可及五公里，窄者只里許，各渠口之初建，約皆選於灘地短、河幅窄處，迨河身稍有變遷，較劣小渠，竟因而斷流，其渠道吸力大者，灘地口段，又往往形成套河，（叉流）或漸趨側淤之勢，如今之楊家河，永濟渠，復豐兩渠等口段久已三十餘年，灘口之段自不免變遷，而老棱與引水量則終如故也，此套內渠道口段之特形，亦煞近水性原理之特徵也，查各渠之初開也，

多爲喇叭嘴式，平口承流，只畏水量之小，不患其大，除復興渠外，各渠幅之寬度，初未有過三市丈者，乃及坡度較好之渠，愈沖愈大，迄今口段最寬之處，竟有達三十市丈者，如楊永兩渠今日之最大之進水量，可達一百秒立方公尺，長年可以引水，即遇河水枯時，每個水量仍可及二十秒立方公尺，其餘長年能進水渠道，縱遇河水低時，其進水之量，尚總在五秒立方公尺以上，如復興，義和，與新開併合濟等渠者是。

乙　幹渠身各項情形

原渠之初開也，多爲省工而遷就天然地勢，且爲灌域所限，不願直流，統計現有之各幹渠，雖幾經裁併，仍屈曲蜿蜒者多，而直衝者寡，纔迤者衆而平順者鮮，至各幹渠之比降，陡段能達四千分之一，平而可用者，須較陡於八千分之一以內，平均流速須達〇・八秒公尺，而渠斷面之不均，適在一渠，上段寬可五十公尺，深亦及丈而稍段，目僅數尺，深更不足見，因此而上下游對進水之爭執，草閘安之寬窄，時各黏見，除此亦使人有難爲家籌之歎，此間開渠之首例，均於兩堤與渠槽之間，各留有旱台（Perm）寬者幾三市丈，窄者亦須數尺，用以調劑洪量維護堤埝，頗爲有效，但較久之渠，旱台又多不見矣。

查各幹渠之變化，斯最足注意者，爲沖刷與退水問題，如前述現較好渠道，切有日見寬深之趨向，其流量並且漸大而不倦，各渠之沖刷，多在冬季，冬水清溜勢烈，延至春融冰解，兩岸凍土亦沉裂而

近年來後套各幹渠渠道靜態統計表（第2表）

渠別	完成時代	進水口位置	經過鄉鎮	退水口位置	渠長（公里）	渠寬（公尺）	渠水深（公尺）	[illegible]	支渠延長（公里）	建築物	水源	引水法	備註
多灘渠	民 3	米倉縣渡口堂	新政鄉	無退水	12.5	6.7	1.0		12		黃河	自流式	
烏拉河	乾隆	米倉縣渡口堂	平和、平順、平西、平定、平泉、平昌、平成、新政	太陽廟灘地	66.5	20.0	1.5	[illegible]	276	渠閘3橋6	〃	〃	
楊家河	民 11	米倉縣新政鄉[illegible]有福[illegible]	[illegible]	太[illegible]北入烏加河	93.6	44.0	3.2	19	436	渠閘3橋7	〃	〃	
民興渠	民 22	臨河太武鄉王柜南	太武、太昭、太成	入大南渠退入烏加河	30.0	12.0	1.0	10	123	橋1座	〃	〃	
十大股	宣統	臨河太武鄉王柜南	太武	無	7.5	4.0	1.0	3	15	橋1	〃	〃	
黃土拉亥渠	光緒	臨河太武鄉南	太武、[illegible]、太和、[illegible]	太平鄉北入烏加河	88.0	23.0	2.0	22	481	〃	〃	〃	
三大股渠	未詳	臨河太武鄉南	永盛、永豐、永泰	無	30.0	8.0	1.0	8	65	〃	〃	〃	
蘭鎖渠	〃	臨河永盛鄉南五大股	永和、永福、永康	無	36.5	15.0	1.7	24	35	〃	〃	〃	
永濟渠	光緒	臨河永盛鄉南五大股	[illegible]	[illegible]入烏加河	83.5	33.3	2.0	6	358	渠閘四橋2	〃	〃	
五大股渠	光緒	臨河永興鄉南	永興鄉	無	9.0	5.0	1.0	1	11	橋1	〃	〃	
魏羊渠	民 7	〃	永興鄉		14.0	6.7	1.3	2	24	〃	〃	〃	
天德元渠	光緒	〃	永興鄉	無	16.0	5.0	1.0	2	57	〃	〃	〃	
德成渠	〃	〃	永興、永昌	無	17.5	5.3	1.0	2	42	〃	〃	〃	
土默地渠	〃	〃	永興、永昌、永泰	無	24.0	10.0	1.4	4	30	橋2	〃	〃	
多口渠	〃	臨河永昌鄉西南	永昌	無	17.5	5.0	1.0	3	28	橋1	〃	〃	
剛目渠	〃	臨河永昌鄉東北	永昌	退入永剛支渠	4.0	8.0	0.8	2	34		〃	〃	
劉三圪渠	〃	臨河永泰鄉南	永泰	無	10.0	6.7	1.0	5	26	〃	〃	〃	
豐濟渠	〃	臨河永泰鄉黃家堎	正泰、[illegible]、和協、和定、和悦	同義隆圪南入烏加河	60.0	32.0	2.0	19	161	閘6橋4	〃	〃	
同心德渠	〃	晏江正新鄉李根子圪旦南	正新	無	9.0	5.0	1.0	2	6		〃	〃	
長青牛渠	〃	〃	〃	〃	13.5	5.0	1.0	2	4		〃	〃	
乇字渠	民 12	晏江正新鄉塔[illegible]南	正新、正泰	〃	15.0	7.0	1.0	2	5	橋1	〃	〃	
舊皂火渠	光緒	晏江正新鄉[illegible]南	正新、和定、和悦	〃	30.0	11.5	1.0	5	38	橋2	〃	〃	
新皂火渠	民 6	晏江正新鄉[illegible]南	晏江、正義、和瑞、[illegible]	沙河[illegible]退入烏加河	65.0	12.5	1.5	12	48	〃	〃	〃	
新[illegible]渠	民 6	晏江新皂火渠口東	晏江、正新、正義	無	13.5	6.7	1.0	3	28	橋1	〃	〃	
[illegible]渠	宣統	〃	晏江、正大、正義	無	25.0	7.0	1.2	3	41	〃	〃	〃	
中興西渠	民 7	晏江德[illegible]南	晏江、正大	無	12.5	5.3	0.8	3	7	〃	〃	〃	
丈三渠	民 8	晏江正新鄉[illegible]南	晏江、正大	〃	3.0	4.0	0.7	2	6		〃	〃	
[illegible]地渠	民 6	〃	〃	〃	17.5	7.0	1.0	3	15	橋1	〃	〃	
哈拉烏素渠	光緒	晏江正新鄉[illegible]南	晏江、正大、[illegible]、正義	〃	20.0	7.0	1.0	3	20	〃	〃	〃	
阿善渠	〃	〃	五原、正心、正義	〃	25.0	8.0	1.0	6	30	〃	〃	〃	
十大股渠	同治	五原正心鄉阿善西南	五原、正心	〃	15.9	4.0	0.8	3	6	〃	〃	〃	
沙河渠	光緒	〃	五原、正心、正義、正澧、中誠、平安	[illegible]入烏加河	46.0	14.0	1.2	41	242	橋2	〃	〃	
義和渠	〃	五原正心鄉[illegible]	五原、[illegible]	[illegible]	53.5	16.7	1.7	8	159	閘3橋3	〃	〃	
川[illegible]渠	民 12	五原土城子	五原、中元		47.0	10.0	1.3	13	30	橋1	〃	〃	
通濟渠	光緒	〃	五原、中元、[illegible]、平太	五原[illegible]入烏加河	59.3	15.0	1.2	27	164	閘1橋2	〃	〃	
長濟渠	〃	安北[illegible]河頭	安北、[illegible]	〃	65.0	16.7	1.2	90	244	橋1	〃	〃	
塔布渠	〃	安北[illegible]河頭	安北、[illegible]	[illegible]入烏梁素海	55.0	13.3	1.2	57	168	〃	〃	〃	
華惠渠	民 26	安北四科河頭	安北、[illegible]		27.5	7.0	1.3	6	40		〃	〃	
民復渠	民 5	安北[illegible]	安北、[illegible]	安北西河[illegible]入烏[illegible]海	20.0	10.7	1.0	20	41	橋2	〃	〃	
合少公中渠	民 14	安北[illegible]河頭	安北、[illegible]	安北南牛犋入烏梁素海	15.0	6.0	0.8	3	10	橋1	〃	〃	
民新渠	民 7	安北[illegible]河頭	〃	安北[illegible]入[illegible]	18.0	10.0	1.0	13	16	〃	〃	〃	
民祥渠	民 7	安北民祥渠口	〃	安北西山咀入[illegible]	17.0	9.3	1.0	8	26	〃	〃	〃	
永成渠	民 8	安北[illegible]南	〃	無	7.5	4.7	1.0	1	10		〃	〃	
李仲實渠	民 7	安北[illegible]南	〃	安北	11.3	4.6	1.0	1	8		〃	〃	
烏加河				安北[illegible]入烏梁素海	246	82.0	2.0	25	373	壩四	〃	〃	
共計 45					1575.1			557	4007		〃		

下、側坡直成垂直線、演之既久、渠幅之寬、進水之湧、在所難免矣故綜論本區之較好渠道、初不患進水之不足也、適自民十八年前、後套各渠、本不能排水、五加河亦時常乾涸、民十九年義和渠始通稍退水入五加河、全渠深度因而大有改進、厥後如豐濟、永濟、黃土拉亥（即黃濟渠）楊家河等渠均效仿之、繼而長濟、通濟、塔布三渠亦直接退水入烏梁素海，自民二十年來、河海之水遂感盈溢實況亦漸生矣、本區各渠之來源既統為黃河，其排洩水也，又統歸五加河，進水與排水問題，自不免有相互之影響，經十數年之經驗，其引水方面，如上游渠口放水之後，其下游鄰近渠口之水位，感到降低時，則很鮮見，即如豐復兩渠同用一引水河叉，每值豐濟渠口關啟之際，復興渠口段水位，雖略有漲落，但僅在幾公分耳，其他渠道，則很難感到影響，至如各渠退水之互關與影響，則有甚於此，綜計五加河內，下游之退水、能倒及上游者，尚未發現，惟上游各稍各排水較利，水量亦洪，一值五加河水大時，其下游渠稍之退水，則大感困難矣，如現自五原城東北方各稍之退水，即時受此害，每在夏末秋湖期間，各稍必須築填阻河水倒流入渠，必待延至來年春季，始能利用黃河淩汛水位之高與五加河水位之低，儘可放洩巨量，而事刷渠之功焉，現在各渠雖努力節減，其退水量，但終緣力不從心，又防河水低時之不足，長年研討設置，尚未獲較大之實效，良足患也。

內　各渠口及提水插工

各民挖渠引水，氣以增大水量為慣例，故民二十年以前，向無節水束水之設施，每值汛期渠水洪溢之時，則沿渠儘量洩水入較低窪地，甚或有口而不即事堵築者，迨遇民二十二、三兩年河水高漲，渠幅已寬，當年夏秋之際，豐永兩渠之潰水，竟淹沒五原臨河兩縣之面積，由南而北，幾佔五分之三，洪水滔滔有進無已，時省內之軍政民衆始感到水大口寬之患，遂同力搶堵該兩渠口，並於二十四年春先在豐濟渠口建築束水草閘，收效後，翌年永濟渠口閘亦建立焉，嗣後彷效而建提水束水閘者日衆，幹渠內作壩灌溉之害亦日減，而人人亦認識渠口需閘，閘勝於壩矣，抗戰以來，省內需糧亦夥，自民三十一年水利機構既經改善，決心力免漏潰，終將幹渠口之草閘改修，稍資節水之功，但一遇大汛，日有險象環生，每須工數百，日夜搶護，然值低水位時，各提水閘，又緣分水不勻操水不力，因而誤工誤時者，亦在所難免，近驗再加改良，增築窄小閘空，終因去水日大，河水不穩，每閘啓一日，動須工數百乃至數千，耗時恒不下一週，患害之來，難以立消。

本區之所謂閘者，即如內省冬季防險之埽工，加以改良而已，故近強名之曰束水閘，因各進水閘空之寬度，必須根據大河之低水位，寧多而窄，雖少而寬也，其為力也，亦既能過束最大之洪量，不堪奏到調節之功能，啓閉既需時而費力，非遇洪汛，通難特加管制也。

總之渠身寬矣，進水量可矣，排水過大矣，埽工已盡節束之責矣，若利用目前之水量，提束得宜，即增灌之田，尚能超出兩萬市頃，反而長此不治，未來陸沉之患，大有可慮，故近之新舊水利人士，亦莫不以此等之難題，時作研究試驗，冀獲根治之方焉。

丁　四年來各渠要工

（1）合併渠口工程

A黃濟渠，楊家河，烏拉河三渠，原各自由黃河引水，而楊家河渠，則感水量過大，年有潰決，至黃烏兩渠，則又感水量不暢，乾旱時間，爰自民三十二年，將黃渠引水口關閉，遂另闢一十二公里半長之大渠銜接于楊渠，翌年並再將烏渠亦歸併于楊渠，並於本年在三渠銜接點之下游，建分水草閘一座，提分楊渠總進水量，洩入於烏黃兩渠，結果現三渠均感水量充足，本年增澆及潤地共約六千餘頃。

B復興渠之灌域，原有自黃河引水之幹渠十三道，向以渠口高亢無稍，渠身過短，吸水力不強，未併口前，僅遇黃水洪漲時可以進水，一出汛期，即不能暢流，自民三十二年，復興渠挖成，將所有之渠橫接一總口，近日皆能常年進水　達到灌溉目的，增加澆域，已逾四千餘頃。

C義和，通濟，川惠三渠，原亦進水不暢，自向上游延挖七，五公里長引水總渠，以銜接通濟川惠兩渠，並于總渠上建築洩水閘後，各渠進水量大增，已免缺水現象，計增灌域千餘頃。

D綜合三十一年以前，原有楊家河，永濟豐濟三渠，僅可常年引流，自合併渠口後，現凡併入楊家河，永濟渠，復興渠，義和渠之所有幹渠，均能暢引黃水施灌，並以各渠之吸水力大增，遂促使臨近四大幹渠之黃河河槽日趨穩定焉。

（2）通稍

烏拉河行經寧夏綏遠兩省，向以地勢及水量失調，致上游灌田合適時，則下游即感水量過剩，淹毀田禾，若下游水量適用時，則上游又感水位太低，以至綏寧兩省之灌戶，時因渠口水量大小問題，發生爭鬥，自二十三年試接於楊家河，建築束水草閘，按段添建提水掃工，同時於該渠下游另闢新梢，退水入烏加河，近一年來，已涸出淹田數百頃，上游更不感乾旱矣。

（3）建速水草閘

永濟渠渠口地勢低窪，水大則漫，水小則患進水量不足，毫無統制，故于口端增建草閘三座，挖新引水渠一道，計長七公里餘，並建有護口大土壩，計長三百三十三公尺，本年灌域雖已大增，但因草閘控制無力，致下游各處仍不免有潰淹之患，現各大幹渠口，已多增作草閘束水矣。

（4）截灣取直工程

長濟塔布兩渠，以渠身灣曲過多，與渠床坡度過緩，雖歷年于渠口段浚挖，但屢挖屢淤，故近年來于兩渠已實施截灣取直工程，計長濟裁灣七百餘公尺，縮短渠綫二百餘公尺，塔布截灣四百餘公尺，縮短渠綫幾至二百公尺，本年水量已增，竟淹沒包寧公路兩公里許，現雖計劃於渠口建束水草閘，但因地方人士仍恐水量發生問題，故建閘之舉尚未付諸實施。

第六節　五加河概況

五加河爲黃河故道，相傳昔日黃河入套，南北分流，南河即現在之河身，北河即五加河，自寧夏省磴口之傅家渭，循狼山脆，經西補隆，梅令渭至同義隆，六分子橋而注入於無量素海，其又北分一支，則穿烏拉山北脆之台梁，下注昆都侖溝，流入前河，又傅滿溝中葉，某帝巡狩寧夏，駕駐台梁，見滔滔黃流，滾湧於如此狹隘之山澗間，喟然嘆曰，放出烏拉前山坦路不走，却在此後山奔突，翌日黃河果整個改道南移，明萬曆以前，北河水量較大，南河較小，北河杜塞，洪流斷絕，迨後套各渠相繼通入後，遂成爲退水總路矣。

五加河自楊家河東首，納楊黃諸水，至安北縣之同義隆，分南北二支，南支曰前河又稱五加河，北支曰後河亦名烏拉濠，楊黃諸水爲同義隆大堤所隔，循烏拉濠東流，以事灌溉，永濟、豐濟、義和等渠退水，則走大堤南而入前河，南北兩支復於縣之六分子橋合流，曲折南行，經李大紅渭，賈不什兒，而注於無量素海，復納塔布、民復諸水，一望無涘，儼然大泊，其尾閭至安北縣之南牛以下，始退入王六子濠，沿西山咀前新退水渠而入黃河矣，自楊家河稍起，以迄洩水口河幅，均約百公尺，深二公尺，流速〇、四公尺，較大排水量約八十餘秒立方公尺，含沙極微，至無海則爲清流矣。

第七節　無量素海概況

北河涸後，無量素海水源在斷絕時，幾爲窪下之地，間或存潴狼山所排洩之山溝水，據云光緒三十年時曾乾涸，民二十二年以後各渠通入五加河者漸衆，水量日豐，無海積水，亦隨之日增，邊幅漸廣，時生潰溢，二十四年疏通王六子濠大退水後，方解一時之危。

後套諸渠以五加河爲排水總路，無海又爲五加河之總匯，全賴王六子濠宣洩入黃，該濠原不過七公尺，二十四年加寬至十公尺，三十二年冲寬達十七公尺，水深三公尺，最大洩水量可及八十秒公方，欲藉以暢洩無海積水，自難勝任，復因無海地勢卑下，洩水口未建築尾水閘，一值黃河洪汛最大時，常生逆流，須待黃河中水位後，方能暢洩，進水量大於排水量，無海遂形成湖泊作用。

近年以來，五加河水量日增，無海面積，更形擴展，三十二年洪水，附近一帶低窪，盡爲水澤，長連五十五公里，最寬當達二十五公里，淹佔之田地幾達萬市頃，安北境內精華之區約佔其半，查無海原寬不過二公里餘，今因洩水不及，致漫淹面積增大，不僅關係安北一縣之安危，實亦全套排水之最大問題也。

第三章　資料

第一節　氣象

甲　溫度

後套遠處內陸，跨北緯四十一度，拔海約一千公尺，雖受蒙古沙漠之影響，冬夏變易劇烈，溫度之差率甚大，然以有狼山憑障於北，賀蘭山脈，擁護於西，春冬西北寒風，因爲阻隔，故其氣溫較狼山以北之大漠氣候爲暖，關於後套溫度記載，尚不完善，茲將毗鄰後套之三盛公及本局最近數年來溫度抄錄於後。

三盛公教堂民國二十二年至三十一年各月平均氣溫表（第3表）

月份	1	2	3	4	5	6	7	8	9	10	11	12
溫度(C°)	-10.73	-6.54	+1.71	+3.56	+16.50	+2 .24	+23.58	+21.60	+15.59	+8.45	-0.99	-7.38
附註	年平均溫度+7.68年平均較差34.31											

三盛公教堂民國二十二年至三十一年每年平均氣溫表（第4表）

年別	平均溫度(C°)	附註
22	+7.0	
23	+6.5	
24	+7.6	
25	+7.3	
26	+7.7	
27	+7.6	
28	+7.6	

29	+ 8.0
30	+ 8.8
31	+ 8.7

本局第一水文站最近三年來各月氣温表

綏遠省水利局第一水文站氣溫記載表（第5表）

32年

年	月	本月最高溫度(C)	日期	本月最低溫度(C)	日期	本月平均溫度(C)	附註
32	1	2.0	3	-26.0	1	12.1	
〃	2	14.0	3	-20.0	15	13.1	
〃	3	17.0	6	-12.0	1	2.8	
〃	4	24.0	25	4.0	7	14.5	
〃	5	35.0	10	17.2	2	1.0	
〃	6	40.0	19	23.5	30	0	
〃	7	34.0	12	19.0	27	26.0	
〃	8	35.0	15	14.0	27	24.9	
〃	9	27.0	5	11.0	[illegible]	19.9	
〃	10	23.0	15	3.0	[illegible]	13.3	
〃	11	23.0	2	-12.0	[illegible]	5.4	
〃	12	23.0	15	-14.0	[illegible]	2.5	

33年

年	月	本月最高溫度(C)	日期	本月最低溫度(C)	日期	本月平均溫度(C)	附註
33	1	10.0	20	-22.0	[illegible]	-4.0	
〃	2	23.0	28	-18.0	5	-1.7	
〃	3	17.0	24	-14.0	10	3.5	
〃	4	24.0	28	-2.0	1	10.4	
〃	5	33.0	31	4.0	2	16.9	
〃	6	38.0	11	12.0	2	22.1	
〃	7	39.0	15	16.0	2	25.3	
〃	8	36.0	3	13.0	9	25.6	
〃	9	28.0	19	7.0	30	18.5	
〃	10	23.0	4	3.0	[illegible]	13.4	
〃	11	16.0	1	-10.0	30	4.3	
〃	12	14.0	27	-21.0	[illegible]	4.8	

34年

年	月	本月最高溫度(C)	日期	本月最低溫度(C)	日期	本月平均溫度(C)	附註
34	1	10.0	6	-20.0	4	-3.2	
〃	2	12.0	19	-20.0	3	-2.8	
〃	3	16.0	28	-12.0	7	4.3	
〃	4	31.0	26	-1.0	3	14.8	
〃	5	32.0	26	6.0	10	19.6	
〃	6	38.0	19	12.0	1	26.3	
〃	7	37.0	20	16.0	7	26.4	
〃	8	38.0	5	15.5	29	25.0	
〃	9	28.0	23	8.0	30	19.8	
〃	10	24.5	20	-1.0	31	13.1	
〃	11	19.0	8	-10.0	29	7.4	
〃	12	20.0	10	-16.0	26	0.2	

十數年來溫度之變遷最低者爲攝氏零下二九·九度，最高者達四〇·三，二者相差爲七〇·二度，茲將三盛公十年來所記載之最高與最低溫度，錄之於下：

三盛公教堂二十二年至三十一年最高與最低氣溫表（第6表）

年別	本年最高溫度（C°）	日期	本年最低溫度（C°）	日期	附註
22	35.0	7月1日	—29.8	1月15日	
23	36.4	6月21日	—29.9	2月9日	
24	37.8	7月26日	—23.9	1月21日	
25	40.3	6月13日	—27.3	1月17日	
26	35.5	8月4日	—24.6	1月12日	
27	36.7	5月28日	—27.0	1月27日	
28	37.4	5月10日	—24.6	1月4日	
29	35.5	6月29日	—25.7	1月26日	
30	36.9	7月3日	—27.0	12月28日	
31	39.0	6月17日	—25.8	2月11日	

春日解凍之遲緩，與秋季結冰之迅速，影響植物之生長及施工期限殊大，茲將近年來春秋兩季結冰日期表列於下：

民國二十五年至三十三年春季解凍秋季結冰日期表（第7表）

項別 年別	春季最後解凍日期		秋季開始結冰日期		備考
	溫(C°)度	日期	溫(C°)度	日期	
25			−10.0	10月3日	
26	−1.5	5月2日	−1.4	10月4日	
27	−0.2	5月16日	−3.0	10月15日	
28	−2.3	5月1日	−2.0	10月6日	
29	−2.7	5月3日	−0.6	10月5日	
30	−4.0	4月22日	−1.7	10月7日	
31	−0.2	5月2日	−0.7	10月8日	
32	+1.0	3月19日	−2.0	11月19日	
33	+10.0	3月27日	−1.7	12月1日	

乙　雨量

後套雨量稀少，全年雨量多在六、七、八三月間，澇年全年可達四〇〇公釐，旱年恒有不及五十公釐者，故農作物之生長，端賴灌溉，茲將三聖公民國二十二年至三十一年落雨日數及本局第一水文站三十二年以後雨量記載如左：

三聖公教堂民國二十二年至三十一年落雨日數表（第8表）

年別	第一次降雨月日	落雨日數	降雪日數	六月落雨日數	七月落雨日數	附註
22	3月21日	32	1	4	11	
23	5月6日	29	5	5	10	
24	5月12日	20	6	1	3	
25	3月26日	26	6	3	4	
26	4月11日	25	6	10	4	
27	4月5日	7	3	1	1	
28	5月5日	13	2	1	7	
29	5月21日	8	3	3	0	

30	3月1日	6	1	2	2	
31	4月9日	17	0	1	3	

民國三十二年第一水文站雨量記載表（第9表）

月份	總雨量		降雨日期	所經時間	一日最大雨量		附註
1							
2							
3							
4							
5	25	公厘	21	30分	15	公厘	
6							
7	20	公厘	21	45分	20	公厘	
8	316	公厘	3·4·16·17·18·24·	35時45分	80	公厘	
9	20	公厘	16·23·	2時30分	15	公厘	

10	16 公厘	12	1時30分	16 公厘	
11	31 公厘	3	1時15分	31 公厘	
12					
合計	428. 公厘	12日	42時15分		

民國三十三年第一水文站雨量記載表（第10表）

月份	總雨量	降雨日期	所經時間	一日最大雨量	附註
1	19 公厘	3.9.26.31.	未報	6 公厘	所塡爲雪融量
2	19 公厘	1.2.	,, ,,	14 公厘	,, ,, ,,
3	7 公厘	31.	,, ,,	7 公厘	,, ,, ,,
4	14 公厘	17.22.23.	3時45分	7 公厘	
5	14 公厘	17.22.23.	3時45分	7 公厘	
6	42 公厘	22.28.	3時	30 公厘	
7	105 公厘	9.19.20	10時15分	51 公厘	

8	110 公厘	19.24.25	3時15分	60 公厘	
9					
10	18 公厘	13.24.	1時30分	10 公厘	
11	6 公厘	25.29		4 公厘	時間未報
12	4 公厘	13		4 公厘	,, ,,
合計	358 公厘	26日	25時30分		

民國三十四年第一水文站雨量記載表（第11表）

月份	總雨量	降雨日期	所經時間	一日最大雨量	附註
1					
2	3 公厘	28.		3 公厘	
3	6 公厘	20.		6 公厘	
4	13 公厘	28.	2時	13 公厘	
5					

6	61 公厘	28，29，	2時	55 公厘	
7	88 公厘	6，	10時45分	88 公厘	
8	185 公厘	16，17，18，21，24	15時50分	75 公厘	
9	25 公厘	5，27，	7時30分	20 公厘	
10					
11					
12					
合計	381 公厘	13日	38時5分		

丙　風向風速

後套位於大漠之南，冬季以西北區爲高氣壓中心，東南沿海氣壓較低，故每屆冬季多西北烈風，夏季太陽移至北迴歸線，蒙古沙漠地方吸收熱量最速，溫度幾高，反爲低氣壓，因之夏季多東南風，春夏之交，西伯利亞陸風與東南海風相遇，故造成三四月間之風季，但尚與播種無礙，茲將本局第一水文站之紀錄列左：

民國三十二年第一水文站風向風速記載表（第12表）

月	風向	N	N.E.	E	S.E.	S	S.W.	W	N.W.	本月最大風速	本月最小風速	平均風速
1	風速											
	次數											
2	風速											
	次數											
3	風速											
	次數											
4	風速	10.20～18.30	3.00	3.40～18.00	3.00～12.20		6.10～6.50	3.00～12.50	4.20～4.50	18.30	3.00	7.45
	次數	3	1	3	2		5	5	2			
5	風速											
	次數											
6	風速											

	次數											
7	風速		11.00	8.00～11.6	6.30～11.60	9.20	12.10～13.00	6.00～6.60	11.30	13.00	6.00	9.51
	次數		1	2	2	1	2	2	1			
8	風速		2.70～7.30	5.20	6.00～9.00					9.00	2.70	5.23
	次數		8	1	2							
9	風速		5.70～8.30		3.00～9.40	3.00～6.50	3.30	3.00～3.50	4.00～8.70	9.40	3.00	5.78
	次數		4		5	3	1	2	4			
10	風速	2.80～4.00	6.40	2.00	2.80	3.00		4.60～18.30	3.70～4.50	18.30	2.00	6.40
	次數	2	1	1	1	1		13	3			
11	風速		5.50～20.43			4.00		5.00～19.67	8.40	25.00	2.00	9.05
	次數		4			1		21	1			
12	風速	1.86～3.33	1.00～6.00	2.43	6.00	1.57～3.43	15.14	2.00～39.00	1.00～38.00	39.00	1.00	6.88
	次數	2	2	1	1	4	1	5	8			

次數合計	7	21	8	13	10	9	48	19	風速係以秒公尺計

民國三十三年第一水文站風向風速記載表（第13表）

月	風向	N	N.E.	E	S.E.	S	S.w.	w	N.w.	本月最大風速	本月最小風速	平均風速
1	風速	3.00～13.00	4.00～27.00	2.00～24.00		2.00～14.00	2.00～10.00		2.00	27.00	2.00	6.78
	次數	3	1	14		5	3		1			
2	風速	3.00～13.00	2.00～36.00	2.00～4.00	2.00～3.00			3.00～30.00	2.00～18.00	36.00	2.00	7.19
	次數	2	11	2	2			8	4			
3	風速	2.00～33.00	4.00～22.00	2.00～12.00	3.00～5.00	2.00～10.00		3.00～59.00	2.00～35.00	59.00	2.00	10.51
	次數	6	2	4	1	3		7	6			
4	風速	2.00～18.00	2.00～14.00	2.00～11.00	3.00～10.00		2.00～33.00	3.00～20.00	2.00～18.00	33.00	2.00	6.32
	次數	2	9	5	2		4	5	2			
5	風速	3.00～10.00	2.00～36.00	2.00～24.00	3.00～35.00	1.00～12.00	2.00～24.00	2.00～24.00	1.00～27.00	36.00	1.00	9.74
	次數	1	9	2	3	3	2	6	6			

6	風速	2.00～24.00	1.00～16.00	1.00～7.00	2.00～11.00		2.00～14.00	3.00～12.00	1.00～6.00	24.00	1.00	5.02
	次數	4	6	2	3		4	3	1			
7	風速	1.00	1.00～8.00	2.00～3.00	2.00～11.00		1.00～14.00	3.00～14.00	1.00～3.00	14.00	1.00	3.80
	次數	1	5	1	2		10	4	1			
8	風速		1.00～8.00	1.00～5.00	1.00～10.00	3.00～7.00	1.00～9.00	3.00～11.00	1.00～7.00	11.00	1.00	3.93
	次數		3	2	5	1	8	1	4			
9	風速	2.00～3.00	2.00～8.00	2.00～3.00	1.00～7.00	2.00～12.00	4.00～12.00	2.00～25.00	1.00～10.00	25.00	1.00	4.87
	次數	3	4	1	2	4	3	5	3			
10	風速	1.00～7.00		2.00～10.00	2.00～3.00	2.00～7.00	2.00～4.00	1.00～16.00	1.00～15.00	16.00	1.00	3.89
	次數	9		1	1	2	2	9	1			
11	風速	1.00～13.00	1.00～5.00	1.00～2.00			1.00～5.00	1.00～25.00	1.00～7.00	25.00	1.00	4.83
	次數	2	2	2			2	9	7			
12	風速	2.00～6.00		1.00～12.00				1.00～15.00	1.00～10.00			

		N	N.E.	E	S.E.	S	S.W	W	N.W	本月最大風速	本月最小風速	平均風速
	次數	4		5				16	1	15.00	1.00	4.23
次數合計		57	52	41	21	18	38	73	31	風速係以秒公尺計		

民國三十四年第一水文站風向風速記載表（第14表）

月	風向	N	N.E.	E	S.E.	S	S.W	W	N.W	本月最大風速	本月最小風速	平均風速
1	風速	2.00～16.00	2.00～6.00	1.00～3.00	2.00～2.00		2.00～4.00	1.00～7.00	2.00～13.00	16.00	1.00	2.40
	次數	3	2	2	1		3	8	5			
2	風速	1.00～11.00	6.00～14.00	1.00～24.00	2.00～2.00		1.00～2.00	1.00～15.00	2.00～6.00	24.00	1.00	4.19
	次數	4	1	4	1		1	10	3			
3	風速	2.00～15.00	2.00～25.00	2.00～6.00	3.00～4.00		5.00～6.00	1.00～24.00	2.00～6.00	25.00	1.00	5.91
	次數	6	11	5	1		1	14	1			
4	風速	1.00～24.00	1.00～25.00	1.00～6.00	2.00～5.00	2.00～24.00	1.00～24.00	2.00～6.00	1.00～25.00	25.00	1.00	4.92
	次數	4	7	3	2	2	9	1	4			
5	風速	1.00～22.00	1.00～20.00	2.00～3.00	14.00～14.00		1.00～13.00	1.00～60.00	1.00～30.00			

	次數	12	7	2	1		11	5	7	60.00	1.00	6.82
6	風速	2.00～5.00	1.00～14.00	2.00～8.00	2.00～24.00	8.00～32.00	2.00～18.00	1.00～25.00	7.00～15.00	32.00	1.00	6.00
	次數	2	5	4	3	3	3	13	1			
7	風速	1.00～13.00	2.0～18.00	1.00～9.00	1.00～2.00	2.00～4.00	1.00～8.00	1.00～12.00		18.00	1.00	3.72
	次數	4	3	6	1	3	5	8				
8	風速	1.00～2.00	1.00～10.00	1.00～10.00	1.00～12.00	1.00～8.00	2.00～10.00	2.00～7.00		12.00	1.00	3.57
	次數	1	6	8	7	4	4	5				
9	風速	1.00～5.00	2.00～7.00	1.00～10.00	2.00～7.00	2.00～4.00	2.00～15.00	1.00～9.00	1.00～5.00	15.00	1.00	3.28
	次數	6	3	13	3	2	6	6	1			
10	風速	1.00～13.00	2.00～14.00	1.00～8.00	1.00～10.00		1.00～3.00	1.00～14.00	2.00～3.00	14.00	1.00	4.27
	次數	6	4	5	3		5	15	1			
11	風速	1.00～2.00		1.00～5.00	2.00～3.00	2.00～4.00	2.00～4.00	1.00～30.00	2.00～10.00	30.00	1.00	3.34
	次數	3		9	1	1	3	17	3			

12	風速	1.00～9.00	1.00～38.00	2.00～5.00		3.00～14.00	2.00～14.00	1.00～25.00	-	38.00	1.00	5.20
	次數	8	1	5		1	3	17				
次數合計		50	50	66	24	16	54	119	26	風速係以秒公尺計		

第二節　黃河水文

甲　水位

後套黃河水位，殊無完善記載，民國二十五年四月屯墾辦事處曾於義和渠口土成子設立水標，同年十月中輟，迨至二十六年，受戰事影響，亦僅觀讀數日，復以水標尺及水標點破壞，未能修復。但當地水利經驗人士，頗能記憶，總計二十年來，最高與最低水位之差，為二公尺七八公寸，但通常能突過兩公尺者頗鮮，三十一年五月綏西水利局設水文第一站於豐濟渠口，從事觀讀，茲將各年水位記載列表如下：

綏遠省水利局第一水文站黃河水位記載表（第15表）

年	流域	黃河	水系	黃河	改正數	64.528
	月	最高水位	最低水位	平均水位		

5	66.118	65.498	65.760
6	66.488	65.508	65.950
7	66.768	65.798	66.150
8	66.808	66.228	66.305
9	66.528	66.128	66.322
10	66.598	65.798	66.277
11	65.968	65.328	65.599
12	66.478	65.798	66.171
1	66.138	65.908	66.015
2	66.158	65.988	66.071
3	66.888	65.318	66.229
4	65.758	65.448	65.574
5	66.438	65.718	65.913

	6	67.088	65.678	66.372	
	7	67.488	65.828	66.966	32年洪水位
三	8	66.498	64.768	65.674	
	9	66.408	65.918	66.086	
年	10	66.378	65.718	66.045	
	11	66.998	65.428	66.240	
	12	66.988	66.528	66.678	
	1	66.698	66.378	66.541	
	2	66.578	66.428	66.516	
三	3	67.058	65.678	66.616	
	4	65.838	65.658	65.757	
十	5	65.948	64.798	65.747	
	6	66.408	64.858	65.861	

平均	66.257	65.436		

綏遠省水利局第二水文站黃河水位記載表（第17表）

年	流域	黃河	水系	黃河 改正數 75.623
	月	最高水位	最低水位	平均水位	備考
三十二年	5	77.405	76.955	77.139	
	6	78.035	77.115	77.529	
	7	77.760	77.335	77.912	
	8	78.015	77.325	77.627	
	9	77.835	77.225	77.531	
	10	77.655	77.355	77.514	
	11	78.715	76.905	77.423	
	12	78.055	77.245	77.639	
	1	76.953	76.623	76.806	

年	月			
三十三年	2	76.753	76.523	76.642
	3	77.723	76.723	76.921
	4	76.753	76.523	76.642
	5	77.003	76.623	76.788
	6	77.723	76.793	77.405
	7	77.723	77.233	77.564
	8	77,643	76.923	77.230
	9	77.593	77.043	77.165
	10	77.383	77.023	77.226
	11	77.013	76.573	76.769
	12	77.513	76.673	76.781
總計		78.215	76.523	77.709
極差		1.692		

平均	77.538	76.937		

綏遠省水利局第二水文站水位記載表（第18表）

年	流域	黃河		水系	黃河 改正數 75.623
	月	最高水位	最低水位	平均水位	備考
三十四	1	76.693	76.563	76.609	
	2	76.553	76.463	76.510	
	3	78.483	76,333	76.829	
	4	76.973	76.323	76.634	
	5	77.223	76.793	76.930	
	6	77.423	76.813	77.139	
	7	77.323	77.083	77.193	
	8	77.783	76.843	77.227	
	9	77.683	77.263	77.438	

年	月	最高水位	最低水位	平均水位
年	10	77.573	77.109	77.333
	11	77.093	76.743	76.866
	12	77.443	76.753	77.021
總計		78.483	76.323	76.985
極變		2.160		
平均		77.353	76.756	

綏遠省水利局塔兒灣水位站水位記載表（第19表）

流域		黄河	水系	黄河改正數 70.911
年	月	最高水位	最低水位	平均水位
三十一年	8	72.919	72.259	72.608
	9	72.639	72.199	72.444
	10	72.839	72.269	72.596
	11	72.279	71.579	71.989

	12	72.559	71.569	72.066	
三十二年	1	72.559	72.379	72.417	
	2	72.479	72.379	72.381	
	3	73.139	71.479	72.179	
	4	72.069	71.669	72.821	
	5	72.669	71.789	72.333	
	6	73.189	72.329	72.691	
	7	73.489	72.779	72.748	
	8	73.189	72.359	72.746	
	9	72.829	72.389	72.629	
	10	72.829	72.309	72.629	
	11	73.399	72.079	72.555	
	12	73.139	71.899	72.340	

三十三年	1	72.039	71.699	71.854	
	2	72.039	71.767	71.869	
	3	73.169	71.809	72.349	
	4	72.539	72.149	72.296	
	5	72.439	71.809	72.171	
	6	73.009	71.809	72.630	
	7	73.859	72.389	72.547	
	8	72.539	72.299	72.389	係上旬中旬在塔兒灣觀讀(70.839)
	8	72.721	72.041	72.241	係下旬在永濟渠口觀讀(70.911)
	9	72.611	72.012	72.170	
	10	72.511	72.201	72.393	
	11	72.191	71.681	71.858	
	12	71.931	71.031	71.516	

總計	73.489	71.031	72.365
較差	2.458		
平均	72.700	72.013	

乙 流量

按黃委會二十二年包頭磴口水文記載，通常汛期流量在二千秒立方公尺以上，二十三年最大流量為二千五百秒立方公尺，同年最低水時流量（非灌溉期）為二百餘秒立方公尺。又按該會石咀山水文記載，由三十一年九月至三十五年同月平均四年內，在灌溉期中（六至十月）流量為二千四百秒立方公尺以上今錄石嘴山最近流量記載，以明本區黃河灌溉來原之大概。

石咀山流量簡表（第20表）

年\月	6	7	8	9	10	備考
31				1515.03	2358.97	流量以秒立方公尺計所填之數均係每月平均數
32	2885.26	7467.59	2916.22	2807.19	1989.75	
33		1797.34	1832.67	1294.73	1033.58	

34	1751.08	1236.60	1815.31	3021.90	1985.45
35	1871.02	5350.86	1985.25		
總平均	2169.12	3963.09	2137.36	2159.80	1841.94

二十二年七月黃河洪汛，本局爲明瞭洪水位及流量情形，會黃委會查勘隊於該年十月三十日於三盛公渡口施測，當日該處平均河面三四九·三七公尺，水深二·六九公尺，平均斷面積九三九·三九平方公尺，流速每秒一·三〇公尺，流量爲一二二·秒立方公尺，上下水尺距離爲　〇〇公尺，水面差〇·五公分，坡度爲四千分之一。又測得七月間洪水時大斷面爲一五七〇·九平方公尺，洪水坡度爲三千九百分之一，計算流速每秒一·五〇公尺，估計洪水流量爲二三五六秒立方公尺。

丙　比降

本段黃河比降平緩，自寧境之二十里柳子以達於西山咀王六子濠退水口，流程共長二二六·三公里，落差三六·八六公尺，平均比降爲六千一百五十分之一，屬於套境者，由楊家河口以達王六子濠，共長一八八公里，落差爲三〇·一四公尺，平均比降爲六千二百五十分之一，茲將各段表列於左：

自寧夏之二十里柳子至綏遠西山咀段黃河各段比降表（第21表）

段別	間距（公里）	中常水面高程（公尺）	落差（公尺）	比降	附註

二十里柳子至三湖公渡口	93.80	84.670 82.771	1.90	1/5200
三湖公渡口至楊家河口	28.50	82.771 77.948	4.93	1/5900
楊家河口至永濟渠口	27.80	77.948 72.682	5.27	1/5270
永濟渠口至復興渠口	44.20	72.682 66.974	5.72	1/7720
復興渠口至上城子義和渠舊口	59.70	66.974 57.889	9.10	1/6560
義和渠舊口至王六子壕口	56.30	57.689 47.830	10.06	1/5600

丁　含沙量

黃河本段所挾泥沙，質地細膩，色呈深黃，顆粒均勻，乾後易呈龜裂，經考乾後測其比重爲一，五四，每一立方英尺重九十六磅。含沙量在四，五、六三月低水位時爲重量之百分〇〇，三以下，尋常汛期在百分之〇，四至一，五最大含沙量從未超過百分之三者，即達百分之一時亦很少，爲期不過一二日耳。茲將復興渠口黃河逐月含沙量錄之於下：

第22表

年度	三十一年							三十二年							三十三年						
月份	5	6	7	8	9	10	11	5	6	7	8	9	10	11	5	6	7	8	9	10	11

含沙量（重量比）	0.15%	0.46%	0.42%	0.47%	0.37%	0.46%	0.29%	0.19%	1.14%	1.60%	0.92%	0.[illegible]1%	0.36%	0.29%	0.25%	0.74%	0.96%	0.6[illegible]%	0.34%	0.36%	0.29%
最大含沙量	0.19%	0.[illegible]2%	0.64%	0.77%	0.46%	0.61%	0.33%	0.20%	1.70%	2.01%	1.01%	0.43%	0.43%	0.29%	0.27%	1.57%	1.66%	0.76%	0.42%	0.38%	0.30%
附註	冬年十二月至四月爲黃河冰期，含沙極少停滯																				

戊　冰期

冬汛一過，朔風怒吼，寒氣降臨，大河卽行封凍，小雪流凌，大雪封河，驗之不爽，至來年春汛之時，春風前後，大河開凍。冰期凡四概月，厚約一公尺，茲將近十年來每年開河封河日期表列於左：

近十年來每年開河封河日期表（第23表）

年份	封河日期	開河日期	年份	封河日期	開河日期	年份	封河日期	開河日期	附註
22	12月13日	3月18日	27	11月30日	3月16日	32	11月20日	3月13日	
23	11月20日	3月19日	28	12月28日	3月20日	33	12月2日	3月27日	

24	12月4日	3月21日	29	12月21日	3月17日	34	12月8日	3月24日	
25	11月30日	3月19日	30	12月10日	3月15日	35		3月25日	
26	11月24日	3月26日	31	12月7日	3月11日				

第三節　渠道水文

甲　水位

本局自民國二十一年改組，因感各渠水位記載缺乏，乃先後於豐濟復興渠口，永濟渠口，楊家河渠口，設立水尺，觀察渠口水位消長，綜計四年來各季漲落之限度，幾與本段黃水同期數字相差甚微並不済列。

乙　渠降

各重大幹渠縱坡（渠降）因開挖時係用舊法，復以土質及地形草閘之關係，上下游恒不一致，故冲刷與淤澄，恒同時具現，兹據近年測得各全渠之平均坡度表列如下：

近年測得各全渠之平均坡度表（第24表）

渠別	平均坡度	渠別	平均坡度	渠別	平均坡度	附註
楊家河	1/5500	復興渠	1/5900			

黃濟渠	1/6200	義和渠	1/7500		
永濟渠	1/5900	通濟渠	1/8100		
豐濟渠	1/6200	長濟渠	1/8100		

丙　各渠渠口水文之實況

各引水幹渠之流速流量斷面積水深之等等數字，一，受黃水位之變化，時有不同，二，復緣較好渠道，其首部以日見寬深者爲最多，雖偶而發現淤淺，恒不數月又變，今僅就近三年來測得之實際數字表列如下：

楊·永·復·義·四大引水渠水文關係表（第25表）

渠別	水位（公尺）			流水面積（平方公尺）	流速（秒公尺）	流量（秒立公尺）	附註
	最大	最小	尋常				
楊家河	3.30	1.37	1.85	58.54	0.80	46.80	該渠在三十五年秋季實測得流水積面爲51.86m²水深爲2.2m.流速爲0.80m.s.流量爲41,5c.m.s.
永濟渠	4.00	1.20	2.21	69.50	0.89	61;16	

復興渠	2.90	0.55	1.50	35.25	1.06	37.37
義和渠	2.64	0.50	1.42	27.00	0.75	20.20

第四節　後套地文

後套地勢形如摺扇之紙面，南窄而北寬，其面積東西長約一百九十餘公里，南北寬僅四十公里有奇，地面坦，坡度勻，面水依山，宜耕宜牧，南河環繞，渠道橫穿，包寧公路長貫於中，大河船舶沿渠北下，交通便利，渠水豐盈，無雨而農產豐收，有風又無害於種植，沃水瀦田，冬寒夏暖，勢自天成，人情純厚，亦西北之第一樂園也。

本套地勢西高東低，南高北低，由西南而東北，總計高程其總傾斜之差，約為二十八公尺，天然坡度極為勻適，西部較陡，東部略緩，由四千分之一降至八千分之一，故各幹渠之流向，均由西南而東北。

全區均為沖積層之膠土或沙壤土，間含鹹性，但每經渠水灌溉之後，其鹹質下降，且無害於田禾，沿黃河區域多為沙壤性，色黃質鬆，最宜麥粱，近狼山及五加河之區，則多為膠土，色較黑而質亦緊，偏宜豆類，普通而論，其膠土或沙土之層，每層概不過一公尺，故上膠而下沙者有之，或上沙而下膠者亦有之，平均地下水距地面概不過三公尺，在夏秋之季，竟達兩公尺之內，故幹渠水之滲漏甚微，較深之渠槽，且時發現細泉之補𣲖也。

套內無石礫，間有沙丘數道，由西南而東北向，大者長可達三十餘公里，寬則不過一二里耳，中部無湖沼，瓦窯淖位於西，烏拉素海位於東，海內一小島（魚王[illegible]塔），面積約可三四畝，高出水面數尺，蘆草環繞，鳥窩攢集，為魚鳥之棲息所，亦水禽之集合場也。

第五節　五加河水位

五加河近自民十八年以前，乾涸已久，繼各幹渠陸續退水後，迄民二十二年潰淤之災遂生矣，該河水源端賴各渠，故水位之高低，亦恆視黃水及各渠水豐欠而定，約在每年十一月以迄翌年三月底，該河時常斷流，祇稍存積水耳，迨七至十月間各渠餘水下洩，則洪水盈漲，儼然大河矣，自民二十三年始於該河之中段，前後河分叉之點，設臨時水位站於同義隆大壩附近，以觀測水位，後河水位在灌溉期中，水高於前河者，因受大壩之提阻，繞道而北，用資灌溉故耳，僅附錄兩河同時水位簡表如左：

綏遠省水利局第三水文站五加河水位記載表（第26表）（前河）

流域	黃河	水系	黃河	改正數	55.059
年	月	最高水位	最低水位	平均水位	備考

年	月				
二十三年	4	56.129	55.379	55.698	
	5	55.539	55.329	55.489	
	6				斷流
	7	56.829	55.959	56.385	
	8	56.429	55.469	56.156	
	9	55.679	55.289	55.501	
	10				斷流
	11	55.549	55.329	55.453	
總計		56.829	55.289	55.780	
極差		1.540			
平均		56.026	55.459		

綏遠省水利局第三水文站五加河水位記載表（後河）

流域	黃河	水系	黃河	改正數	57.664

年	月	最高水位	最低水位	平均水位	備考
三十三年	5	58.434	57.704	58.068	本月水位於26日開始觀讀
	6	58.704	57.694	58.186	
	7	59.064	57.714	58.907	
	8	57.814	57.804	58.274	
	9	59.114	58.794	59.056	
	10	59.004	57.874	58.771	
	11	57.794	57.694	57.740	
總計		59.114	57.694	58.429	
極差		1.420			
平均		58.574	57.905		

綏遠省水利局第三水文站五加河水位記載表（第27表）　（前河）

流域	黃河水系	黃河改正數	55.059

年	月	最高水位	最低水位	平均水位	備考
二十四年	3	55.589	55.129	55.295	
	4	55.369	55.119	55.299	
	5	55.539	55.269	55.450	
	6	56.399	55.139	55.744	
	7	56.629	55.899	56.194	
	8	56.879	55.359	56.080	
	9	57.159	56.549	56.939	
	10	57.049	55.979	56.711	
	11	56.099	55.249	55.584	
	12	56.139	55.259	55.778	
總計		57.159	55.119	55.907	
極差		2.040			

平均	56.285	55.495	

綏遠省水利局第三水文站瓦加河水位記載表（後河）

年	流域	黄河水系			黄河改正數 57.664
	月	最高水位	最低水位	平均水位	備考
二十四年	6	58.264	57.704	57.919	
	7	58.744	57.684	58.422	
	8	58.754	57.674	58.074	
	9	58.984	58.664	58.895	
	10	58.954	57.904	58.459	
	11	57.884	57.704	57.816	
	12				斷流
總計		58.984	57.674	58.264	
極差		1.310			

平均	58.597	57.889

第六節　農作物情形及需水量

甲　農作物種類

作物分早期晚期兩種，每年一稔，早期作物，以小麥大麥為主豆類次之，播種在清明前後，立秋即可收穫，晚期作物以糜子為主，水稻，大豆，馬鈴薯，穀，黍，蕎麥，胡蔴，莜麥，高粱次之，播種在芒種前後，收穫期則在秋分前後，作物種植成數，糜子佔百分之三十五，小麥佔百分之三〇，其他作物則佔百分之三十五。

乙　作物需水量

據後套數十年來農作物與灌溉經驗，各種作物除水稻外，年可給水兩次，即足生長收穫，首次為泡容地，二次灌溉青苗，若逢河渠水旺之年，早苗增灌二次，晚苗加灌一次，其收穫量更增，大抵以第一年之伏秋水灌泡容田，翌年再用熱水澆早期青苗，晚期作物除前一年之伏秋各水外，更可以當年之春夏熱水補泡容田後，即事種植，其青苗之灌溉，則以伏水及初秋水澆之，自近四年來，水稻試種成功，本年已種達九萬餘市畝，其灌溉容田，則在同年芒種，青苗萌生後，約每十日給水一次，共給水六至七次，即告熟矣。

本區因氣候及土質關係，其泡田與澆青應分別計算，今依近數十年來，灌溉實況，與實驗之資料作爲根據，故如大多數作物之泡田，須在前年實施，早期作物直延至次年四月，晚期作物更延到六月，方事耕種，故凡在年前泡田者，其需水飽和時間，約由二七〇日至一五〇日，茲再參酌四川省水利局工程學術研究會，所出版之水稻需水量專號，及全世界灌溉總需水量之調查（日本灌溉排水書內田中貞次郎著），並依據本區實際灌溉之平等深度，暫定早期作物需水泡田，爲需時由二七〇日至一五〇日，水深度由七〇〇公厘至四〇〇公厘，每萬市畝需水量爲三、〇九至〇、八六〇秒立方公尺，晚期作物需水泡田，爲時由二一五日至八日，水深爲由四〇〇公厘至三〇〇公厘　每萬市畝需水量爲三、八六至〇、八六〇秒立方公尺，復查泡田經過之時期較長者與夫需水量較巨之故，一緣泡後經過凍期，當時滲漏與蒸發，幾于停止，是以延至翌年春融而後，其所含水份，尚足供給下種，復因本區地下水位較高，天暖地融，下層水份多能蒸蒸而上，再由當時泡田水量之大，亦爲足支持耕種之主因。

本區農作物之澆青，恐亦較他區爲晚，然需水深度及量數則非小也，故早期作物需水深度由一〇〇公厘以至三〇〇公厘，水量由〇、二五七以至〇、七七二秒立方公尺，晚期作物水深由九七、二至二八〇公厘，水量由〇、三八六至〇、七五〇秒立方公尺，其歷次澆灌經過之時間，除水稻外，大都均爲每三十日一次，亦緣各幹渠長度均在五十公里以上，逐年輪流澆青，事實形成，當倒習然也，茲附列泡田澆青實況兩表如左：

各季汛水泡田澆青實況一覽表（第28表）

汛水類別	泡田性質	流期	歷年較普通枯水位平均高漲數(公尺)	需水深度(公厘)	每萬市畝需水量（秒立方公尺）	預計泡田頃數	需水共量(秒立方公尺)	說明
春水	當年晚期作物空地	三月二十六日至同月三十一日 共六天	1.55	300	3.860	5.000	193.00	
桃花水	最早麥苗及當年空田	五月一日至同月八日 共八日	0.81	300	2.890	5.000	145.00	
熱水	早期作物及當年空田	六月六日至同月二十日 共十五日	1.00	350	1.800	10.000	180.00	
伏水	晚期作物及泡荒地	六月二十一日至七月三十日 共四十日	1.30	700	1.350	3.000	40.50	普通利用本期水泡鹽鹹荒地
秋水	晚期作物及泡空田	八月十七日至九月三十日 共四十五日	1.00	500	0.860	50.000	430.00	
晚秋水	泡翌年早晚期作物空田	十月八日至同月二十二日 共十五日	0.60	400	2.060	17.000	350.00	
冬水	泡翌年早晚期作物空田	十一月二十二日至十二月一日 共十日	1.00	400	3.090	10.000	309.00	

各季汛水澆青實況一覽表（第29表）

作物類別	播種時期	生長期間	澆青時期暨灌溉次數	每次需水深度	單位需水量 公厘/日	單位需水量 秒立公尺/萬市畝	預估澆青頃數	需水共量（秒立方公尺）	說明
小麥	四月一日至四月二十日	一一五日	自五月十六日起每三十日一次共三次	1. 300 2. 150公厘 3. 100	1. 10.00 2. 5.0 3. 3.3	1. 0.772 2. 0.386 3. 0.257	28.000	1. 216.00 2. 108.00 3. 72.00	
糜子	五月二十日至六月二十日	一一〇日	七月一日起至九月上弦三十日一次共二次	1. 280 2. 150公厘	1. 9.34 2. 5.0	1. 0.721 2. 0.386	28.000 7.000	1. 202.00 2. 108.00 1. 50.50 2. 27.00	穀黍等包括在內
豌豆	四月十五日至五月五日	九〇日	六月十六日起共三十日全一次	1. 250公厘	1. 8.33	1. 0.643	10.000	1. 64.30	
大麥	四月一日至四月二十日	一〇二日	五月十六日起三十日一次共二次	1. 250 2. 150公厘	1. 8.33 2. 5.0	1. 0.643 2. 0.386	5.000	1. 32.20 2. 19.30	
稻子	五月二十五日至六月十五日	一一五日	六月十六日起十日一次共六次	97.2公厘	9.72	0.750	10.000	75.00	

大豆	四月二十日至五月十日	三〇日	六月十五日起三十日一次共二次	1. 250 2. 150 公厘	1. 8.33 2. 5.0	1. 0.643 2. 0.386	5.000	1. 32.20 2. 19.30
馬鈴薯	四月二十日至五月十日	二〇日	六月十五日起三十日一次共二次	1. 250 2. 150 公厘	1. 8.33 2. 5.0	1. 0.643 2. 0.386	7.000	1. 45.00 2. 27.00

第七節　灌溉面積

甲　可耕面積

後套總面積，根據屯墾處所測製五萬分之一地形圖計算，共爲一四九．〇〇〇市頃，內堪灌溉而可耕種之面積，約爲三分之二強，其他則爲沙梁鹼灘溝渠道路及沿河最高亢之地，今預定未來灌溉面積爲十萬市頃，當無患其不足，綜計自民十七年迄今，逐年丈青地畝，最大之數字爲一萬七千餘頃，惟本區丈青習慣必待青苗高長後，按土質之優劣，禾苗之枯發，恆估成數折扣之，故迭據各渠抽丈之成績，實種之地畝，約爲丈青者之二倍，即澆到而未能趕種者，尤未計也，又因田埂殘缺不良，漫流澆灌，浪費水量尤多，以近四年之農產及消費數字年需二百五十萬市石糧穀推估之，則每年耕種而產糧之田，必須超過三萬市頃，故目前灌溉之面積，尚能達四萬市頃矣。

乙　各渠灌溉面積

近查目前各渠已澆到之田地，尚不足二分之一，實則苟整理及管理得當，未來澆到之面積決能超過十萬頃，茲附列近十數年來史青澆溉地畝表於左：

第八節　河渠航運

查後套段黃河及較大幹渠內常駛之商船與民船，其身長約自十公尺至十四公尺，寬度約自五公尺至七公尺，載重計自十公噸至二十公噸，通航期間約自三月底至十月十五日計六月半，輸出為皮毛糧食，輸入多日用品，套內船運以食糧為大宗，按楊．永．義．三大幹渠之上段均可行船，其他各較大幹渠，則因渠幅及橋工閘之限制，與事實之不需要，僅渠內可有較小船隻通行，總之，三大幹渠雖有舟楫之利，第以交易不廣，其利益較之溉田實大有遜色，然為輔助陸運，當亦不容漠視，但在本工程計劃中，如准河船自由出入各幹渠內，則沿渠各項永固建築物，均須高大，並留有寬敞之孔徑，以致造價奇昂，按目前各實況計，若使實現極為不便，而船隻出入渠中，又時有刮毀渠岸與妨碍澆期用水之嚴重情形，迭權衡，委實得不償失，故現擬限制大河船只可駛入四大幹渠進水閘前，渠船可自由在渠內行駛，並規定渠船尺寸而以進水閘為接運站，以資統籌而便兼顧。

第九節　人工

查綏省往昔除平綏鐵路及包寧公路尚有正式或臨時建築物時有技術工人工作外，餘如土方工人多來自冀．晉．魯．豫．陝．等省，土著工人寥若晨星，自民國二十年後，由薩拉齊至綏西一帶，通常每日

後套各渠歷年丈青地畝（頃）及耕地面積表（第30表）

渠別＼年	17	18	19	20	21	22	23	24	25	26	27	28	29	30	31	32	33	34	耕地面積
烏拉河		16	38	65	112	176	152	219	341	335	319		350	408	345	389	375		960
楊家河	816	807	918	1,254	1,019	1,006	843	558	715	977	884		1,368	2,142	2,293	1,114	2,225	3,091	4,500
黄七拉亥	824	1,045	1,021	1,103	915	1,149	1,033	872	1,157	987	1,293		631	1,734	1,074				4,232
黄濟渠																1,244	2,100	3,091	4,500
永濟渠	1,064	1,578	1,803	1,442	1,048	589	296	409	333	374	559		921	1,400	1,736	1,469	2,575	5,897	8,500
豐濟渠	326	555	464	470	322	332	212	393	448	723	578		343	442	618	613	700	1,011	1,435
復興渠																718	2,100	2,823	4,000
義和渠	361	352	542	406	396	338	364	453	438	289	276		157	440	555	578	350	580	2,244
通濟渠	376	247	572	497	370	230	212	173	277	346	167		134	384	310	450	475		1,508
長濟渠	490	542	389	395	300	383			527		505		172	398	399	538	1.400	459	2,408
塔布渠	67	233	269	372	130	224			339		229		55	225	403	358			1,613
五加河						323	265	220	127	361	253		241	363	552	342	275	290	2,750
其他	1,13[illegible]	2,075	2,015	2,466	1,980	2,292	1,886	1,517	2,253	2,110	2,410		1,881	2,365	2,129	1,347	675		10,877
合計	5,463	7,450	8,031	8,470	6,592	7,042	5,263	4,814	6,955	6,502	7,473		6,253	10,301	10,414	9,160	13,250	17,242	49,527

約有千餘人經年在各渠工作，其工程之承攬，多採小包制，一遇緊急河渠類工，每由省府令派民工或軍隊協助，工作效率甚大，誠足表現合作之精神，惟技術工人仍感缺乏，勢須由遠方招募，乃自抗戰以來，後套居民多被征充壯丁補給軍隊，而技術工人，在未淪陷之綏數縣中，亦因缺乏新工而逐漸星散，故現時工人鮮少，今後如舉辦工程，關于土方部份，勢當仰賴大量之移民，或移前淪陷區之災民之災民來綏以工代賑，用收救濟之實效至永固工程所需之技工，俟平綏鐵路全線修復暢通後，當可由外省招致，所幸為數甚微，故向極嚴重之人工問題，不難迎刃而解也。

第十節　建築材料

工人既有來源，材料亦極重要，經調查本省如興建工，則寧夏境內西卓資山石咀山及本區之狼山均產有卵石，石灰石，及砂石，小卵石可充作水泥之石碴，大卵石可打成塊石或片石石灰石及砂石可打成條石，用民船沿黃河經渠口運入，往返不過半月，至片碴石料，亦可由狼山先運至渠梢，再用冰撬駛運至渠口，或逕用大車直運至渠口為宜，其運程往返約二百餘華里，次如石灰及磚則當地均可燒造，可用大車運輸，餘如木料則大部勢需購自蘭州由黃河下運，或採自平津用鐵路運至包頭再由黃河上運，至洋灰與合金，則勢需購自平津由陸路及水路運輸耳。

第四章　理論

第一節　渠道之特點

甲　後套渠道之整體性

後套各大幹渠，均係西南引而東北瀉，尾水入五加河。該河相傳爲黃河故道，黃河南移後，水源斷絕，各渠遂退於斯，曲折迴洄，浩浩乎東注，至六分子橋，循地勢而南向，匯積成烏梁素海，繼以各渠均無活動閘操縱，退水無量，無海年有氾濫，遂又南導西山嘴，使仍歸入黃河，而成爲各渠唯一之退路焉。

今以楊家河進水口爲起算點，西山嘴之退水口爲終算點，此兩點間黃河之平均比降僅六千三百分之一，而楊家河，經繞五加河一大曲環後，流程較黃河大一·八倍，其平均比降不過一萬一千三百分之一。其他各渠，口愈趨東，黃河相應之運程愈短，而各渠所繞之曲環愈鉅，其相應流程之比值亦愈大。因之渠坡更趨平緩，輸水及挾沙之功能更形削弱，豐濟以東各渠其所以尤較以西各渠更易淤澄者，此或爲主因，蓋以均受各引水口與西山嘴退水口兩點，黃河水位之控制也。一控其咽喉，一制其出路，而其最大平均比降，由其幹渠口以迄總退水橋，恐終不能達到理想之坡度。在此情形之下，欲使各渠及五加河同樣獲得足夠輸水及挾沙之押輸力，則必須通盤計劃，全面改善，積各方優點，以調整之。因此兩大控制點存在，復由於各渠無攔閘操縱，遂使渠道與五加河二者不得同時兼治，設使各渠坡度及斷面改善，雖可引水充暢，不沉挾沙，因其坡度轉陡，五加河之河床，勢需下降，則幹渠所挾之重質，將全部帶至五加河而逐段淤澄，不僅尾梢壅滯，宣洩不暢，復有使渠道比降轉緩之趨勢，若祇改善五加河河身，從事調整斷面，裁灣取直，上游各渠之比降必須處處與之吻合，由口至梢，息息相通，而使全套河渠成一整體，故束縛於此兩大控制點之下。數十年來，浚濬延闢，從事渠功，濬口通梢，而仍未見長足進展者，考其原因，似爲忽視其整體性，故終有渠成梢廢，梢通口塞之嘆，此實爲全套各渠之一共同點，而昭示吾人，欲竟大功，須有通盤籌劃，而第一難題，即如何解除此二大制點之桎梏也。

乙　後套各渠渠坡之極限值

後套各渠渠坡平緩，恆屬通病。其所以不能改善原因，按舊日輸水系統而論，一受黃河本身落差之限制，二受地面坡度之限制，三受五加河河床高程之限制，四受退水口黃河面之限制。各渠承黃河既定之水位，循地面實際之傾斜，入五加河固有之河床，復洩入黃河，口梢之水位既有定數，則各渠坡度，亦因之而有一極限之值，此爲各渠又一特性。

丙　渠幅淺闊

後套各大幹渠，其橫斷面均呈淺槽式，考其原因有三，（一）後套地質多係淤積土構成，地下水位甚高，黃河枯水時期，各地水井，鮮有深逾二公尺者，所有渠工，爲避免地下水排水困難，最大挖深，亦以二公尺半爲其極限。（二）後套灌域廣闊，一渠之成，待灌之地，動以千頃計，所需進水量既大，而渠道縱坡及挖深，又約有定值，故亦僅有增加渠幅之一途。（三）各渠之進水，全恃黃河水位之升降，勢須以淺寬之渠槽，承接水溜，可得較大之流量，凡渠中水頭損失較小，又可得多量之水接近地面，並藉可減少閘壩之設置。

丁 旱台（Benm）

各渠兩岸均築有傳堤，堤址至渠岸，留有台地，俗名旱台，其寬度自三丈以至六丈。此種設備，亦為各渠之特點，蓋因初挖渠者，資力薄弱，開始挖掘，渠身窄小，冀藉洪水之力沖刷，使其逐漸廣。洪水入渠，雖口無控制建築物，因有旱台之設備，而生複式渠槽之效，用減洪汛，亦不無裨益，且渠水漫流旱台，流速減緩，泥沙沉積，細草蔓生，兼有鞏固堤岸之功。

戊 冰期刷渠

各渠因渠坡平緩，低水入渠常生淤澱，年年洗挖，所費至巨，近多利用冬水，刷深淤沙之法，蓋冬季水面結冰，可達〇．七公尺以上，一逢冬漲，水流於下，冰覆於上，而生壓力，水落時，冰復下沉，始終與水面保持接觸，致有水管作用，其壓力水頭常在〇．八公尺上下，故坡度較陡之幹渠，若專用每次冬水沖刷，年可洗深半公尺，此亦本區之天然專利也。

第二節 河渠之優點

甲 水源豐水位準

據自民二十一年迄今，黃河後套段之流量，在灌溉期中（六至十一月）恒在一千秒立方公尺以上，高者可達三千秒立方公尺，最低時亦不下七百秒立方公尺，以之供濟全後套之灌域，鮮患不足，而水位之變化，高低相差亦恆在一公尺七公寸之內，凡如楊家河，永濟，豐濟，復興，義和等渠，長年統可進水，似此無特殊建築，而自能由河引水之渠道，較之全國灌溉統系，恐未有能及此者。

乙 灌域廣，地勢平

全後套可灌溉之面積，最小數亦在一千萬市畝以上，而地勢平坦，天然坡度恆在四千以至八千分之一，無論大小渠道，調整得宜，均可引水自流，很少淤澱之弊。

丙 含沙少，水質沃

查近十年來本區黃水之含沙量，平時多在百分之一以下，縱遇有上游山洪，其量亦鮮能超過百分之三者，為時迨不過一兩天，宗此而計劃渠道，可無淤澄之發生，且鹹性之地，亦多恃此肥沃之含料，以蓋殺鹻病，農者並可不施肥料，而獲相當之收獲，故本區黃水之肥泥，實多有益於農事也。

丁 滲漏小，土質勻

本區地下水位，通常永居地面下二公尺之譜，故渠水之滲漏損失極小，較深之渠槽並時有發現細泉者，綜計滲漏損失量，約不過總量百分之十，且全域土質勻適，縱間有層次，但每層厚者，從不過一公尺，對於建築較為容易。

第三節 渠道之缺點

甲　渠道多首制

後套大小幹渠凡四十五道，各有渠首，并無建築物之設備，是故黃河水位，一經跌落，各渠或淤或枯，甚有高懸于水面上者，除較好四大幹渠外，年須疏濬，河岸一經遷移，又復開新渠口，逐歲施工，管理困難尤其次者。

乙　口無控制

各渠皆係平口承流，無進水閘用資操縱，水小時苦於引水不足，水大時則又溢漫成災。

丙　渠口不能固定

進水較少之渠，河身一有遷移，渠口頓成枯竭。

丁　渠道坡度不均

後套各渠，多隨自然地勢之卑亢而開發，因之亢者失之過高，卑者過於就下，坡度不均，淤淀冲涮互見。

戊　渠道橫斷面無定

渠身之寬深，渠背之高低，邊坡之大小等，均無合理規定。

己　渠道堤埝卑薄。

庚　渠道邊坡不合。

辛　退水不暢。

壬　渠道幹支紛紜

過去開渠，多屬私有，兩地毗連，因地權不一，常須各自引水，以致幹支紛紜，缺乏完整系統。

癸　渠水浪費過多

後套地廣人稀，耕田多無地壢，澆水任其漫溢。

第四節　澈整重要條件

後套河渠成一整體，復按其特性及利弊各端分晰其癥結之所在，當可歸納為渠口、退水，及補充水量三大問題，三者必須逐步改善，方冀收整理之效，茲將此三問題申述於下：

甲　渠口問題

普通渠道進水口設備，多於河道正身，建築攔河滾水壩，提高水位至設計高度，復於渠首，建築進水節制閘及沖沙閘，後套引水情形，若純採用此制，則較為困難，唯一水源，祇賴黃河，自寧境之磴口而下，河身均係土質，正溜時移，河岸常徙，無固定河床可藉利用，更以河幅寬闊，水量洪巨，攔河築壩，影響於上下游者實鉅，問題殊多，縱使可引，但工程浩大，亦極不經濟，幸河水位變化尚小，渠降與大河坡度相似，選擇天然地形鑿渠，其吸引力足可導水奪溜，河身之遷移，亦有限度（約南北不過五公里），若渠口選好，不患斷流也。是以渠口問題，實為各渠癥結之所在，亦澈整之先決條件也。

乙　洩水問題

各灌渠皆以五加河為尾閭總一大環，洩退入黃河，以致坡度不足，宣洩不靈。因有引五加河入後山昆都崙溝之議，俾使水位降低，宣洩通暢。按五臨安及包固安五萬分之一實測地形圖，台梁（包頭西北）附近高地超出烏梁素海當水位約四百餘公尺，昆都崙溝溝底高程，尚高於烏海百公尺以上，殆無可能性也。至若引入外蒙古瀚海因未經測量，可能與否尚難懸揣，但其工程之巨，當能想見。是故除黃河本身而外，並無其他河流，可以洩水，此亦為後套灌溉未能進展之癥結，澈整之先決條件也。

丙　補充水量問題

統計近四年來全後套各幹渠之進水量，苟調整得宜，足可灌田一百萬市畝，第以水位水量，難以控制，田埂失修，損耗太多，故在澆青時中，及高亢地畝，猶時感水量不足，及水位較低之弊，故開發之後，補充水量及提高水位問題，亦待整體解決之又一條件也。

丁　輸水問題

綜據數十年來之實驗，以及現有幹支渠身之狀況，苟進水、輸水、退水各有靈活閘門之操縱，則利用各季渾清水之淤補或沖刷，則渠身之改善，當可藉天然力量，使其步入正軌，故輸水問題，較易解決。

第五節　澈整方針之檢討

後套灌域廣闊，渠道紛歧，水量富難，或以渠口失，致引水不暢或以渠首彎輸水不力，或以尾閭不暢，吐納不靈，歷年局部修修所費不貲，雖可維持於一時，終難垂式於永遠，按後套河渠，息息相通，自為一體，是以澈整大工，似應以全後套區為對象，方克有成，而全後套，癥結之所在，已如前述兩大控制點所引起之渠口與退水問題之根決，以及如何補充水量提高水位之注意，此二問題，若逐步改善，則其他水量控制，渠坡調整，淤沙減除，以及原有輸水系統之利用等等問題，自可迎刃而解，總言之此即為全套澈整之方針也。

自民三十一年來，經各方派隊勘測研討，所提供之整理計劃，步驟上容稍有異，而其總原則，亦無不在求此等問題之解決也。茲將各議提綱於左：

甲　化多首制為一首制，高接水源，於寧境之磴粮台，建築攔黃河蓄水壩，抬高水位設總進水口閘及沖刷閘，新開總幹渠一道，傍黃河東下，以迄西山咀，用灌高亢田地並補充各渠水量之不足。

乙　以烏加河為總幹渠，自寧境之磴口，另選新線，道啣接，以通航運，而兼收灌溉之利。

丙　循黃河舊道導烏加河入[illegible]，解決後套退水問題，兼以救濟民生渠。

丁　導黃河入外蒙瀚海，以分其勢。

戊　自義和渠梢，另闢大退水一道，兼收淵海（烏梁素海）灌溉之利。

按右列甲項之計劃，為民三十二年本局會同黃委會勘查隊勘研之結果，似為整理全套灌溉，解除二大控制點最理想之途徑，亦爲本局數年來用以指導治標之章則。

關於乙項，以烏加河爲幹，僅爲一種理想，但實際上原有輸水系統，不能利用，均需另行設計，極不經濟。

關於丙項，導入昆都崙溝，惟按包固安五萬分之一地形圖，幾無可能性，如前第四節所述。

關於丁項，治黃問題之商榷，已分別見諸報張論列，茲不贅述

關於戊項，爲往昔此間地方水利經驗人士對於烏加河退水整理之具體意見，經本局 再勘查結果，已得一結論，認爲開挖大退水，雖能急救於一部，似無暢洩全套各渠餘水，以解決整個退水問題之可能。他若廢海還田，需待全套地形詳細測量後根據其結果再行研究設計也。

關於甲項工程計劃，在黃委會勘查隊三十二年後套灌溉區查勘報告書中已有具體論列，其總原則與本計劃完全一致，其所不同者，僅工程之伸縮問題與施工程序，其原因有三：

1.後套耕地約一千萬市畝以上，需水量最小須達五〇〇秒立方公尺，縱使渠道化爲一首制有可能性，以總幹底寬需二六五公尺，亦有控制困難，深虞失時之感。

2.黃河淡水壩及進水口工程，非短期可以竣工，在此過渡期間，後套各渠整理已迫不及待，似宜先行整理原有各幹渠引水，與檢水及退水系統，而置該工程於最後。

3.此等總幹渠應命名爲高水補劑渠，緣以現有之楊、永、豐、復、義等各大幹渠，經近年以至數十

年之試用，確爲較好之渠道，誠能根據治本方針，加以局部調整，切足應用，如此則未來之總幹渠工程可以縮小，用資補劑各渠枯水時之水量，兼事灌溉高田之用，既較經濟，更屬容易建成也。

第五章　澈整計劃概要

基上各種理由，擬將全套各幹渠，先設併爲四首制，而成爲四個輸水系統，仍逕由黃河引水，分別加以控制，庶使全套各渠獲得初步之改善，對於引水退水均得有以控制，並研究完成寧綏幹渠之輸水退水準備，設他日黃河大壩工成，稍事啣接，則全套水利即可臻於完善階段矣。設改成四首制後，灌溉情形，已有長足進步，則將寧綏大幹渠改修容量較小之高水補劑專渠，以供黃水枯竭時期救濟之用，似較經濟而得法也，今將澈整計劃列左：

第一節　裁併渠口爲四首制

甲　主要渠道之歸併

查直由黃河引水各幹渠之坡度，較大河爲陡或相近者，雖平口承流，苟調整得法，均堪藉本渠之吸水力，長期引水，故啣接附近較小幹渠，於長年進水之大渠，建築進水閘，分水閘，尾水閘等，實爲初步整理之要工，由是則大幹渠，引水及輸水之力量增加，更足以穩定其口位，而小者得高流，以刷渠淤出，將日有自動疏濬與開展之途，各渠經分水退水閘控制後，其退入五加河之水，亦自可操縱，而免壅於沉澱之弊。再全套由黃河引水大小渠道，計有四十五道之多，若分別歸併爲四首後，其營修與養護，亦可經濟多多，以上證之於已做各工程之結果，如永剛，豐鎮，之接口於永濟。烏拉河，黃土拉亥，民興等之併入楊家河，通濟，川惠之併於義和，復興渠之橫貫原有淤澄舊渠十三道等，皆能增大其灌溉效能，發展其沖洗力量而獲得成功。來者之整理實施，亦本此原則。就勘查之結果，擬歸併全套各渠爲四幹。一、以楊家河爲主，二、以永濟爲主，三、以復興爲主，四、以義和爲主。如是則渠口西移，水位提高，證諸實際，預以灌田能達到千萬市畝爲目的，按五〇〇秒立方公尺分配，則各引水渠幅，尚不致過寬，而操縱亦較容易。

乙　灌溉需水量及供水量

按第三章第六節農作物需水量泡田及澆青兩表統計，茲附列總表（第30表），由此可知每一年內依預灌溉一千萬市畝計，同時泡田及澆青所需最大之淨量爲三六三．五秒立方公尺，爲時適在七月上弦黃河洪水期中，並可知所有泡田時期，至少有百分之七十五適在澆青以後，設遇旱年先澆青不泡田，泡田淨期至少可有八十五日，因泡田水較深暫定平均需水深度，以最大數四〇〇公釐計，則每萬市畝需水量爲$\frac{0.4\times10000\times6000}{85\times86400\times9}=364$秒立方公尺，復按表列在七月上弦澆青之最大需水淨量每萬市畝則僅爲〇．三四八秒立方公尺之譜，今澆青泡田各按一千萬市畝計，復加百分之二十五等損失量，每秒需水僅在四二九至四五五秒立方公尺耳，今因各渠黃水之供給量有餘，暫定全區供水總量爲五〇〇秒立方公尺，藉

全年灌青暨泡田逐月需水量分配總表（第31表）

	作物用水類別	給水時期暨次數	每次需水深度（公厘）	單位需水量 公厘/日	單位需水量 秒立方公尺/萬市畝	預灌頃數	需水共量秒立方公尺	三月上弦	三月下弦	五月上弦	五月下弦	六月上弦	六月下弦	七月上弦	七月下弦	八月上弦	八月下弦	九月上弦	九月下弦	十月上弦	十月下弦	十一月上弦	十一月下弦	附註
灌青淨量	小麥	五月十六日起三十日一次共三次	1. 300 2. 150 3. 100	1. 10.00 2. 0.50 3. 0.33	1. 0.772 2. 0.386 3. 0.257	28000	1. 216.00 2. 108.00 3. 72.00				108.00	108.00	54.00	54.00	36.00	36.00								
	糜子	七月一日起至九月上弦三十日一次共二次	1. 280 2. 150	1. 9.34 2. 0.50	1. 0.721 2. 0.386	28000 7000	1. 202.00 2. 108.00 1. 50.50 2. 27.00							101.00	101.00 25.30	54.00 25.30	54.00 13.50	13.50						糜黍在內又此作物分早種晚種故澆青時有前後
	豌豆	六月十六日起共三十日全一次	250	8.33	0,643	10000	64.30						32.20	32.20										
	大麥	五月十六日起三十日一次共二次	1. 250 2. 150	1. 8,33 2. 0,50	1. 0.643 2. 0.386	5000	1. 32.20 2, 19.30				16.10	16.10	9.65	9.65										
	稻子	六月十六日起十日一次共六次	97.20	9.72	0.750	10000	75.00						112.50	112.50	112.50	112.50	112.50							
	大豆	六月十五日起三十日一次共二次	1. 250 2. 150	1. 8.33 2. 0.50	1. 0.643 2. 0.386	5000	1. 32.20 2. 19.30						16.10	16.10	9.65	9.65								
	馬鈴薯	六月十五日起三十日一次共二次	1. 250 2. 150	1. 8.33 2. 0.50	1. 0.643 2. 0.386	7000	1. 45.00 2. 27.00						22.50	22.50	13.50	13.50								
泡田淨量	春水	三月二十六日至同月三十一日共六日	300		3.860	5000	193.00	193																
	桃花水	五月一日至同月八日共八日	300		2.890	5000	145.00			145.00														
	熱水	六月六日至同月二十日共十五日	350		1.800	10000	180.00					120.00	60.00											
	伏水	六月二十一日至七月三十日共四十日	700		1.350	3000	40.50						10.10	15.20	15.20									
	秋水	八月十七日至九月三十日共四十五日	500		0.860	50000	430.00										143.40	143.40	143.40					
	晚秋水	十月八日至同月二十二日共十五日	400		2.060	17000	350.00													187.00	163.00			
	冬水	十一月二十六日至十二月四日共十日	400		3.090	10000	309.00																224.10	
小計	各月澆青需水量（秒立方公尺）										124.10	124.10	246.95	347.95	297.95	250.95	180.00	13.50						
	各月泡田需水量（秒立方公尺）							193.00		145.00		120.00	70.10	15.20	15.20		143.40	143.40	143.40	187.00	163.00		309.00	
總計	各月澆青泡田需水總量（秒立方公尺）							193.00		145.00	124.10	244.10	317.05	363.15	313.15	250.95	323.40	156.90	143.40	187.00	163.00		309.00	

說明

1. 本表第四欄內需水深度係根據縣年當地每次澆青與泡田所需之水深核估之。
2. 本表第五欄泡田淨量之單位需水量（秒立方公尺/萬市畝）係指在某泡水定期內泡定量畝數必須之流量也與澆青時單位需水量之意義不同。
3. 小麥單位需水量之計算法 $\frac{0.010 \times 10000 \times 6000}{9 \times 86400} = 0.77$ 秒立方公尺/萬市畝 餘類推。

供未來之發展並作設計之依據，則俟各建築物整理完善後，其灌溉之面積，尙有超過一千萬市畝之希望。

丙 楊家河、永濟渠、復興渠、義和渠四總幹渠流量之分配

關於楊、永、復、義四大引水總幹渠流量之分配，係按各該總幹渠之可灌面積與農作物及各項實際情形而分配者，計楊家河總幹渠分配流量一四〇秒立方公尺，永濟渠，復興渠，義和渠各分配流量一二〇秒立方公尺，總計爲五〇〇秒立方公尺（詳見楊、永、復、義四大幹渠進水閘計劃書，茲不贅）

第二節 建築永久進水閘

引水工程楊家河，永濟，復興，義和四大幹渠，近年來均已建有進水草閘，距大河四至十公里不等，對于引束水量頗奏實效，今將四總幹渠之引水渠閘成後，或就原草閘舊址，或另內選新基，各建石閘乙座，用以調節來流，及分配各下游幹渠水量，引水渠仍爲自流式，利用渠內水位高於引水口下游黃河水位之優劣，各於進水閘前，引水渠右岸，修築溢道及冲刷洞各乙座，用以宣洩過大洪水，或値閘門關閉期中，俾以排出正閘一部餘水，防止淤澱。

甲、楊家河總幹渠

進水閘位於現有草閘之最近的下游，（圖A021）東爲黃濟清惠，西爲烏拉河、楊渠設閘五孔，黃濟五孔，清惠一孔，烏拉三孔，各孔凈空均爲二公尺每孔流量平均可達十二秒立方公尺，溢道設於閘前

右岸，沖刷洞位在蹬道之間，一切設計均詳於該閘計劃書圖，茲不贅叙。

乙　永濟總幹渠

進水閘位於距新口約七公里處，分佈合濟與本幹渠之水量（圖A○21）北流入合濟渠，中經新幹渠再下而分濟士獻以東等幹渠，永濟本渠設十孔合濟三孔，孔寬與流量一如前節溢道與沖刷洞等設置，仍如楊渠及計劃詳圖等，

丙　復興總幹渠

今擬將復興及豐濟兩渠併為一引水新渠，進水閘設在新引水渠之末點，距黃河約五公里，（圖A○22），水經閘後，仍分流入兩渠，溢道與沖刷洞均向東南排洩，較近於閘，兩渠閘孔共十三個，計豐濟四孔，復興九孔，一切作法同前。

丁　義和總幹渠

進水閘址距新引水口約十二公里，（圖A○23）次第分水入口，義和、川惠、通濟、長濟等四幹渠，計義和通濟各四孔，川惠兩孔，長濟三孔，共為十三孔，溢道距閘約二公里餘，可東南洩水，其餘作法及設置同前。

第三節　建築永洞分水閘整理輸水系統

甲　本區各幹支渠，經數十年來人工之開挖，水力之冲刷，全部輸水系統原已粗具規模，今須

整理者，祇就劃定各灌溉區（圖A008 A010 A018）之範圍，及新分水閘之限制，凡渠曲過銳者，或渠幾直，坡度過緩者，改接於另一系統，或水量不足者，加寬開深，或尾梢壅塞者，浚渫疏通，總計四總幹渠所屬之最要工程，概如上三圖附表，共估土方約合一千二百六十四萬七千四百九十立方公尺，其他次要改善工程，則擬逐歲一方面藉冬水冲刷淤澱，一部列作本省歲修工程，由當地灌戶興修，不列入本計劃內。

乙、考分水石閘之興建係因感草閘力量之不足，故凡較大渠道分水之處，擬就已有草閘之地點擇要建築分水石閘，其渠幅較小在五公尺以內不甚重要者，則暫修草閘，未列入本計劃。

1. 楊家河總幹渠（圖A008）

本系內擬在楊家河設分水閘三座，一位于沙壕，東分陝壩渠及沙壕退水，西分三潭河，一位于米倉縣縣城南，西分召灘新渠，一位于正稍及東稍分岔處，其次分水閘之設置計烏拉河三座一位于西端，一位于西營灘，七與渠三座，黃濟渠四座，三大股渠一座，以上共計十三座，其標準圖俟另行補製。

2. 永濟總幹渠（圖A010）

本系內擬在永濟渠建分水閘五座，計土默曲渠渠口，馬道橋，三喜渡口，榮發公，傳東渠等處，次在土默曲渠中渠建分水閘五座，計土默曲渠一座，天吉太橋，十八分兎，和碳鄉三座，餘甘稱降渠建分水閘一座，永剛渠建分水閘二座，以上共計十三座其標準圖亦俟另行補製。

本系擬修之分水閘，計復興渠六座，新皂火渠二座，沙河渠二座，塔布渠一座共十一座，其標準圖待補。

3.復興總幹渠（圖A。18）

本系擬修之分水閘計義和渠三座，長濟渠二座，通濟渠一座，新一支渠一座共七座其標準圖待補。

4.義和總幹渠（圖A。18）

丙、倒虹吸管

復興渠下梢與塔布渠銜接之一段，須經過義和總幹渠之上游，兩渠水位之差，平均僅數公寸，因復渠梢輸水可減小，故擬于義渠作倒虹管一座，輸水量爲二〇秒立方公尺，用導復渠尾水接濟塔布，並預爲日後高水補劑渠設備之先聲，其餘在各支子小渠者，暫不估列。（圖A。23）

丁、斗門工程

總支斗門爲數過多，僅先在險要處，擇建水泥碎石混合斗門，估需一百七十六座，其他則仍暫以草木埽工代替，容後逐步交換，不列預算。

第四節　整理舊有退水并增修排水系統

甲　整理舊有退水

五加河退水總量，在現況下，平均僅洪達八十秒立方公尺，但每值伏汛而後，各幹渠排水最大時，可超過二百秒立方公尺，故災患時生，逐年培堤修埝，仍不能免，又河內之水，在入無量素海以前，已由渾而清，其沉澱淤河之害，更可想見，故對此退水工程無故決之法，日後河平渠淤，將為未來之最大隱憂，澈整該河之要工，應于三處着手：（一）限制排水量（二）整理河身（三）加強排水。

1.限制進水量

如進水分水等閘建成以後，並擬于各幹渠入口之點建築尾水閘，使來源有量，不能超過預定數字俾可利用各季水之渾清，沿河灌溉，逐段冲刷，此為治本清源之要工，對日後河渠之關鍵尤大。

2.整理河身

如（圖A003）可見五加河身之灣曲，與夫縱坡及各斷面之不均，亦為該河本身之大患，預估第一步如能裁灣建直工程完成，則全河流水行程可將現有者，減去三分之一，其縱坡自趨于陡削，復將上中下游之斷面，利用丁埧格埧順埧潜壩等臨河工程，藉水力冲刷，並以開寬挖深人力之工程調劑之，按各幹渠尾水量，集總設計，因勢利導，則該河淤澱之害，應可使全部消除。

3.加強排水量

分為（甲）（乙）兩項辦法（如圖A003）關于（甲）項辦法，所照前整理河身至雙全店附近，築堤圍海，以限制其範圍，並為得較陡坡度，自雙全店附近向東南選新退水渠線穿過三湖河幹渠，直達黃河，并入于黃處設置閘門另于閘前設置抽水站，以利黃水倒漾時則閉閘利用抽水機抽洩積水之一部，而補自然宣洩之不足，全河中築堤束水攻淤，關于（乙）項辦法，爲自燕務子附近選擇新退水渠經雙全店附近王六子濠直入黃河，爲防黃水倒漾，則于雙全店設閘附設抽水站，全河渠築堤束水，因此辦法須顧及通濟，長濟，塔布，民復，遂賴，民新，民祥等渠橫過退水渠工程，且仍需整修五加河自燕務子至雙全店附近之舊線，故所選之新退水渠仍不能宣洩全區之尾水，現以民衆仍有呼籲是項辦法者，故列之以待測量研究後決定之。

乙　增修排水系統

各幹渠尾水之排洩辦法概如上述，惟各支子渠灌溉之廢水及升高之地下水向以無路排洩致鹼地日增，目下已顯著者其面積佔已灌面積十分之一，計三千六百頃，設此項排水問題不能根決，則全部計劃實現後擴灌至十萬頃時，估計可能有一萬頃，惟恐日久因鹼性過重而變荒廢，故爲排除此項積水，除整理舊有烏家河總退水外，尚須增修新排水系統，其辦法爲將支子渠廢水及地下水截入排水小溝轉入排水支溝再總匯入于排水總溝轉入黃河，但此項計劃以後套灌溉區地勢起伏甚小，而各種排水溝勢必挖深加陡坡度不爲功，推論排水總溝洩入黃河處則恐事實上水流發生頂托不能藉自然重力排洩並有倒漾情形，除擬于各幹渠旁原備設排水防鹼溝外，故必要時勢需仰賴大量抽水機抽洩，而抽水機之原動力則不外用汽力爆炸力電力風力水力等，水力因後套地勢過緩不易得到水頭而風力又不經常有，如用汽力及爆炸力則不經濟，故必需採用廉價之辦法現聞中央有在綏遠省青水河縣之青水河計劃水力發電之議，將來如獲成功則後套灌溉區之嚴重排水問題均可利用廉價之白煤（即電力）帶動大量抽機以迎刃解決矣。

第五節　開挖寧綏兩省高幹補劑渠

本渠以補劑名，蓋擬待前四項工程完成之後，一則預防甘寧兩省灌溉事業之開發，來源水位或恐減低，寬籌退水以補濟之，二則設遇旱年青苗正在需水之際，則可用以補充各渠水量之不足，兼能調劑某渠遇有淤淺時之流量，三則可補流沿河高亢之乾地，今列此工於後者，蓋亦欲視前項工程之成績，而有以補充或保險也。

查寧綏兩省灌溉用水時期，寧省約早半月，於立夏五月即均開始，該月為黃河流量較小之月份，而本區到六月初即需水泡稻田及澆青，考六月份石嘴山之平均流量，往往在一千至一千五百秒立方公尺左右，將來甘寧省灌溉改善後，可有農田五百萬畝，灌溉所需約一百秒立方公尺，設剩餘之水量，為九〇〇秒立方公尺，雖足供全套灌溉之需，而水位之減低，實可想見，按目前各渠情形，六月糖水澆青時或感水位不足，若來日再遇下跌，灌溉水量尚更感缺欠，此實為一嚴重問題，亦即寧綏高水補劑渠開挖之主因，後套激整最後治本之路徑也，經與黃委會勘測隊在民國三十二年秋末自南糧台以上之二十里梆子起至湯家河口止（如圖一〇之二）施行水準及探測之結果，以上資及坡度均可利用，復以南糧台附近，適為該東部高台山根，右岸（即東岸）為堅隔土卵石混合層硝壤，河底亦混合堅土卵石頗多，全河橫斷面祇半近西岸處，浮層尚為鬆土，據久航之舵工証明數十年來河身從未遷移，故俗稱為石底，今擬利用該段預計要工如左：

甲、進水口工程

本工程包括上游左岸（西岸）防洪大堤，穩固河身，建築提水閘埝及進水石閘等，按本幹渠路綫地面坡度（如圖A026A002），渠成之後，渠床縱坡度約可達五千至五千五百分之一，用以輸水最爲合適，故該段黃河水位如能在普通低水時，較平時提高兩公尺，對於灌溉及一切工段之修建，均可迎刃而解矣，今規定未來該段黃水之提高，以兩公尺爲限，以作設計之標準。

1.關上游西岸防洪堤

該段上游西岸數十公里內，多屬荒棄之地間有零亂之矮沙丘然大致被爲平坦，按該段黃水面縱坡，均爲五千分之一至六千分之一，迨水位提高之後，爲防護漫溢計，擬由閘趾上，沿西岸溯流築堤二十公里，最高之堤段可三公尺即足矣，河身急溜灣曲之處，則據堤作臨時埽工之丁字垻，或挑垻水，或護岸，頗可遂濟，當無若何危險。

2.關黃河提水建築工程

於黃河設閘提水，可謂巨工，然就地勢流量與夫提高水位二公尺之數字，意擬試于建築方面尚屬可行，故爲經濟與永固管理航行兼顧計，擬祇在河寬面東西兩岸，各建築調節水位流量永固閘各十數孔，其所佔全河幅之寬度約爲三分之二（百三十餘公尺）其中間距離按來日所需水量及水位擬定約佔全河幅

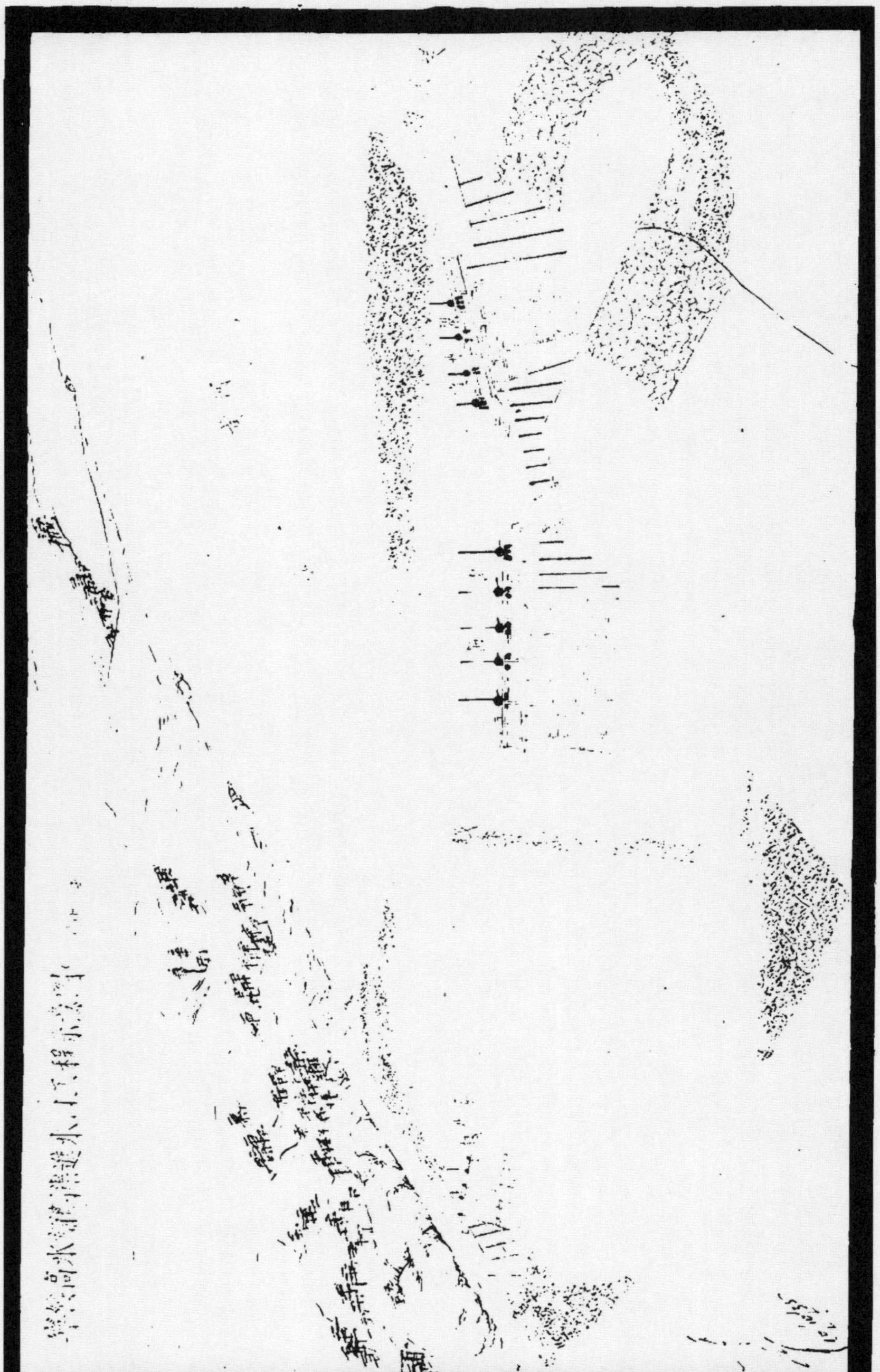

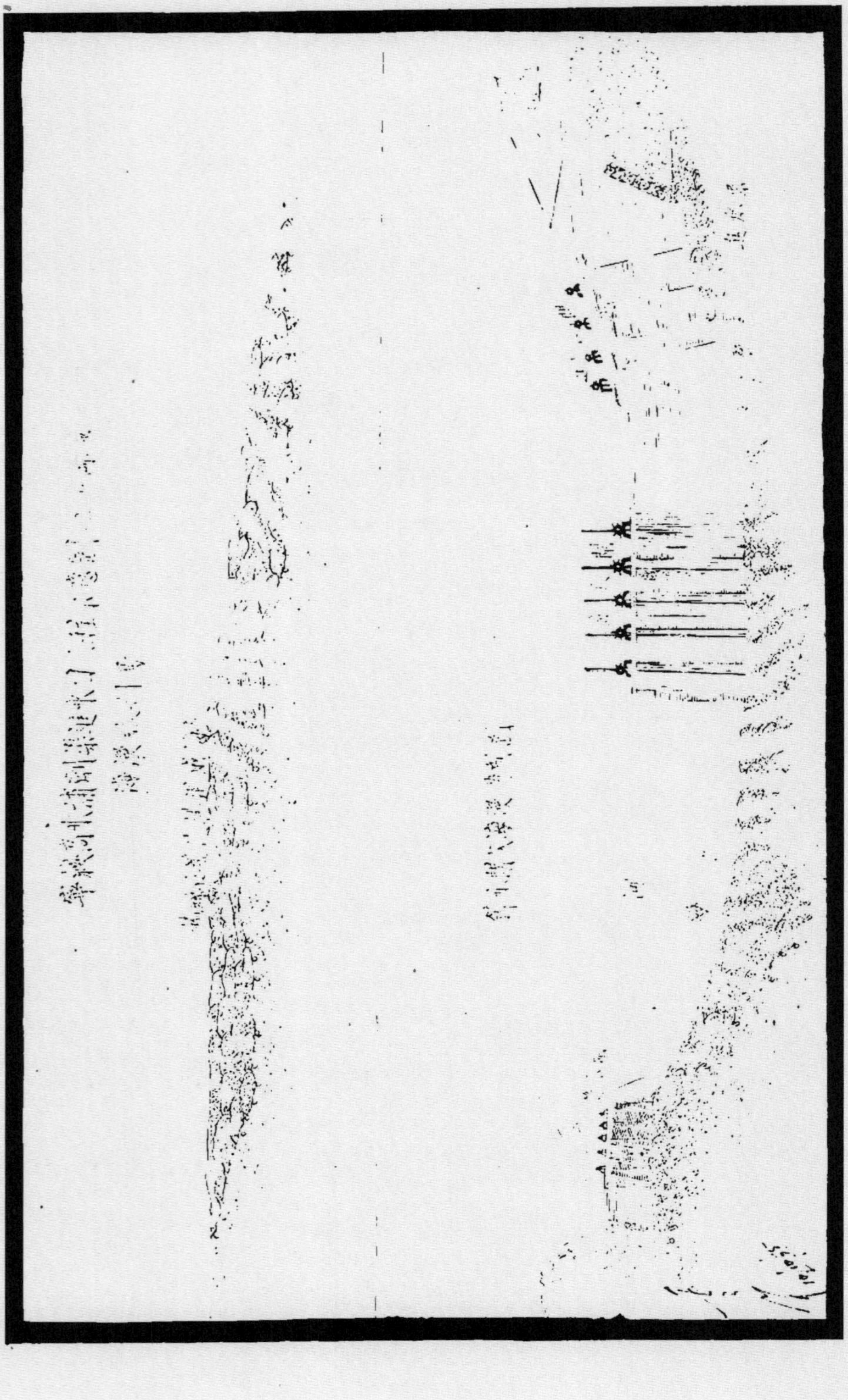

三分之二寬度，祇建築永固河床及提水海漫（或名口堰）工程（如附漫表（二））設遇黃水最大時，則全閘門均可開放，並以補劑渠引水段之排水道補洩流量至節水閘之關閉必待本渠水位不足時始用之，兼爲航行之安全，遇有船隻往來，各閘門可以隨時開啟，以減上下游水位之差，各工程修造方法，節水閘擬利用右岸之卵石合水泥建築之，海漫初期建築除閘底及其接近上下游，仍以水泥卵石構成外，中間及全上下游大部則擬先用沉排及鉛絲卵石籠逐段補砌之，期以達到預定高度爲止，竊謂如此較爲活動而保險，施工又且容易，設因河底有欠堅固或遭沖刷下沉者，並可隨時補以石籠，一待沉落至穩固地步時再灌以洋灰漿可安定無虞矣。

乙，補劑幹渠綫經及其工程

本渠既待各渠欠水時方事補濟故擬除首段由口至楊家河一段開新外，迤下則擬儘量利用原沿河之各大幹渠（如圖A025）即自歸入黃濟渠一段後，跨永濟渠而入土默地渠再下則併入復興渠穿義和又與塔布併焉，稍段是否可洩入三湖河，須視未來水量而定，渠口建築閘門，臨近附排水道一，迨經烏，楊，永，等渠時，擬以渡槽架過，一至穿義和渠時，則擬利用已成之倒虹管，沿渠多設溢水道及分水閘，俾隨時隨地可以調節水量補劑各渠。

第六節　修建沿河防洪大堤

本區遠自民國二十年前沿河原無堤埝之可言，其後每患汛水之氾濫，于民國二十二年秋五臨兩縣始發動民衆沿河擇要修建堤埝，民三十一年由水利局統籌培修迨三十二年伏水氾濫，再加搶修，繼賴中保補助，逐年修補，終係人力不足工款有限，僅擇最險要段培成，寬高均只五六公尺，微薄者只二三公尺，尚未能聯成一氣，每值黃水奇漲之際，猶未盡到禦洪之全力，故爲完成防洪大堤計擬利用舊堤，并再添建新堤一部合併完成，新堤工程，即指楊，永，復，義四大總幹渠進水閘前引水渠一段，須使與舊堤連成一氣，并斟酌實地需要將舊堤加長，應在建閘前先期擇要完成，全堤高厚程度，以本區河水之高漲從未高出枯水位三公尺者，而枯水位約爲一公尺，黃河之最大洪水約高出附近地面一公尺，故估定堤之高度爲高出地面二公尺頂寬五公尺，（自烏拉河口至西山嘴以南總退水渠稍黃河左岸實測長度爲一百八十五公里零三百公尺）并估計擇要修堤長度約爲一四八、九公里概可足用，今按地勢平修，此工並非特大如是則全後套之黃災可免，而各渠口建築物因得保護而臻永固矣。

第七節　改良沙鹼地

按後套灌溉區已有沙鹼地尚未詳加調查，據民衆估計沙地約爲一千四百頃，鹼地約爲三千六百頃合共五千頃，此類地之改良以灌淤壓沙或壓鹼爲最經濟而有效，其辦法爲在沙鹼地之四周築圍埝，現擬採用矩形圍埝（RectanguiarSgetem）並于圍埝對角處建築進水口及出水口閘門圈留伏水或秋水至相當時間，俾使落淤後再放清水至各級排水溝轉洩入黃河，現以後套各渠之含泥情形而論，大抵灌伏水或秋水至一公尺深，圈留五至七日即可落淤一公寸厚，此類沙鹼地如經數次灌淤即變沃壤矣。

第八節　測量及施工步驟

甲　測量步驟

本計劃雖根據已往調查試驗及測量之成果，但於施工前，須待部分測量者尚多，中央已於民國三十一年秋季，派黃委會第十四測量隊來套測量全區地形，據該隊負責人稱，全區約於民國三十七年方能測竣，現本局亦擬擴充測量隊先施各地局部測量，切實配合該會十四隊以完成此任務，又查本計劃中各渠併為四首制建築進水閘工程，乃為第一期工程，其測量工作較為簡單，擬於開工前趕測完成。全部施工期間擬分為四期，在第一期工程施工期間，擬完成第二期工程之測量設計，在第二期工程施工期間，擬完成第三期工程之測量設計，在第三期工程之施工期間，擬完成第四期工程之測量設計。

乙　施工步驟

本計劃施工步驟擬分為四期，各為期一年半，在每期工作至二年時，一面以所餘之半年時間趕辦完成尾工，一面籌備下期新工程，故在每期工程完成時，以下期工程之籌備事項業已大致就緒，即可繼續實施，每期之實際工期為二年，預計四期工程共八年可以全部完成，計第一期完成引水工程，第二期完成輸水工程，第三期完成排水及改良沙鹹地工程，第四期完成高水補濟渠工程，至防洪大堤之修築，除在第一期工程中完成主要之一部份外，餘擬與各項工程混合推進。

第九節　工程費估計

測量與施工步驟既如上述，現以第一期至第二期工程事實上急待舉辦，且地形簡單待補之測量資料不多，當可在設立工程處籌備完竣，並據歷年實驗之結果如照本計劃施工，可無失敗之虞，故先照當地現時物價（三十五年二月）估擬第一期至第二期工程費概算為一百零八億三千零五十二萬元，至第三期與第四期工程，因有待於詳測後方能憑以設計為時尚遠，現時概估恐將來與事實出入甚遠，擬俟後再為估計。（附後套灌溉區初步整理工程第一期至第二期工程費概算表）

後套灌溉區初步整理工程第一期至第二期工程費概算表

（第32表）

會計科目 款	會計科目 項	會計科目 目	會計科目 節	工程項目	單位	數量	單價（元）	總價（元）	備考
1				1期至2期工程費概算總額				10,830,520,000	
	1			1期引水工程費				3,269,820,000	包括沿黃河接各總幹渠防洪大堤三分之一
		1		工料費				2,341,179,600	
			1	進水總閘	座	4		1,151,571,000	圖A027₁ A027₂ A027₃ A027₄

2	溢道	座	4	28,053,000	112,212,000	圖A029
3	沖刷洞	‥	4	7,456,500	29,826,000	圖A. 28
4	填挖土方	公方	6,983,800	150	1,047,570,000	概估開挖四大引水渠及修建黃河左岸防洪堤土方如右數
2	地價青苗費	市畝	4,500	4,000	18,000,000	
3	工程雜費				117,959,000	約佔以上總費5%
4	工程預備費				495,428,000	約佔以上總費20%
5	工程管理費				297,253,400	約佔以上總費10%
2	2期蓄水工程費				7,560,700,000	
1	工料費				5,437,040,000	

綏遠省後套灌溉區初步整理工程計劃概要　八二

	1	幹支渠分水閘	座	44	80,000,000	3,520,000,000	閘說待補概估單價如左
	2	橋樑	,,	14	50,000,000	700,000,000	,, ,,
	3	倒虹管	,,	1	100,000,000	100,000,000	,, ,,
	4	填挖土方	公方	7,313,600	150	1,097,040,000	概估整修幹支土方如左數
	5	其他				20,000,000	
2		地價青苗費	市畝	4,500	4,000	18,000,000	
3		工程雜費				272,752,000	約估以上總費5%
4		工程預備費				1,1 5,558,000	約估以上總費20%
5		工程管理費				687,350,000	約估以上總費10%

第十節 工程利益

本工程利益分有形與無形兩種，按本區現灌面積約為三百六十萬四千七百市畝，預計本計劃一至四期工程實現後，其灌域可達一千萬市畝，計增灌六百三十九萬五千三百市畝，每畝扣去人工牲畜農具四種公益等費，以淨增小麥五市斗計，則共淨增小麥三百一十九萬七千六百五十市石，每市石照時價一萬二千元估計，則其增價三百八十三億七千一百八十萬元，次照現時每年可省渠道養護費約一億元，共計每年增益為三百八十四億七千一百八十萬元，再就增灌六百三十九萬五千三百市畝計，每市畝因灌溉及管理得法估增地價五千元，則一次共增地價三百一十三億餘元，另就除害方面言之，因綏省曾于民國三十二年發生水災，據黃委會工程師黃在華視察報告，淹沒田禾竟達四十二萬四千市畝，沖毀房屋二千四百五十間，每市畝以減產小麥○．五市石計，共減收小麥二十一萬二千市石，每市石照現市價一萬二千元估計，則減產損失已達二十五億四千四百萬元，房屋每間照現價五萬元估計，則淹房損失為一億二千二百五十萬元，除害總值為二十六億六千六百五十萬元，故本計劃完成後之第　年其利益可達七百餘億

說明

1.本概算係依照當地二月份物價為標準而估計

2.按全部工程概算分為引水、蓄水、退水、補水、四期工程，茲僅以目前急待興辦者為第1期至第2期工程，并以第3期至第4期工程尚待測量研究，其工程數量一時不能詳定，且為時尚遠，故未估入。

充此有形利益也，至因計劃實現後，綏省可次第開發，用達繁榮鞏固國防之鵠的，乃屬無形之利益也。

第六章　結論

本計劃于忙猝促草略中完成，其不够之處很多，尤且各段或失之于過繁，或失之于較減，對此偌大之建設，或莫能相輔，故言到工程計劃，須待補充設計者，恐比比皆是，然一限于技術人員之缺欠，一迫于實況之不容再緩，謹就近十年來已有之資料，與夫歷次實驗所得之結果，擇其最有把握而可宗者湊集完成，祇可云新舊合參良窳並叅，敢斷其必不至失敗而已，故一切諸依據學理，遴就事實之可能者言之，渴待指正與判示者猶殷也。

全計劃中以引水輸水排水防水爲要點，增加灌域，調節流量，消除災患爲目的，如合併渠口，建築石閘，完成沿河防洪大堤，整理渠系，改善烏加河退水，並增修排水系統加築高水補劑渠，統綜以上各點，擬逐次興辦繼續完成之，故每一項工程，對全後套之水利，都含有全體性，息息相關，統籌並濟也，然以此偉巨之建築，恐非可一氣呵成者，今擬按其最切要與其所期待者先着手，謹列併口與建築進水石閘爲第一步，蓋用此以防目前之災者，可以消滅全部支幹各渠之氾濫，可以減除烏加河之潰溢，可以防止各引水渠之淤澱可以減少各幹渠口逐年修挖之工程可以減低地下水位消除鹼害，反之而賴此以增利者，可以均調各幹渠之進水量，可以延長灌溉之時期，可以減少各渠堤埝之土工，可以停止各大渠稍逐年之挑挖，可以增加各高亢渠道之水量，可以拉引黃水之正溜，此工之需要，已迫在眉睫，早完成一天，則當前險絕之災可降，未來隱埋之患已滅，本區今日無論水利新舊經驗人士所以斤斤於是，咸望其早成者，實因身歷境，終年感受，屢試不爽也，再則分水閘擬繼此工而建築，更配合黃委會測量之詳圖與整理渠系同時完成，改善五加河退水並增修排水工程，議列作第三步，高水補劑渠之開挖則待最後興辦，至於防洪堤之修築，擬擇其要者，與各項工程混合推進，併官民之力，如時而前也，能於今後八年之中完成此工，以言國防，大足以屯十萬之軍移百萬之民，自給有餘，邊陲充實，以言經濟年足增產六百餘萬市石食糧，麥稻猶居首位，其他副業之增，猶次焉者。

似此黃河惟富之區，論水源，論面積，論地勢，論土質，再而論到國防之需要，與夫開發之容易等等，若比之于川陝甘寧等省水利之前途，恐最屬有厚望者，再用而減輕下游各省黃水氾濫之災，增加平綏線糧產之補劑厥功豈淺鮮哉，惜關此之記載頗鮮，而各方專家亦多不此敍自綏區屯墾開發于先，繼而傅公宜生駐節抗戰來水利之供獻與其真面目，知略其焉，本計劃之冒然草略書成者，亦兼作介紹品，用供方家之研考品以引至耳。

總之本計劃得之于，屯墾時觀測的資料為最多，復補以近數年來記載與實驗之結果，如草閘成功，始欲創作石閘，渠口併成，而敢議作四首，餘如五加河之分水壩，各幹支之銜接，歷年黃河水情之實況，大退水之效驗，凡此種種，均可謂本計劃之底據亦筆者十數年親參身與洗事商併的一點成就。

附　言

後套一地，談到建設事業，整修水利實為一切之基，本人濫竽于河套水工有年，或絀於經濟，或絀於人力，雖暫為標本兼施，愧無建樹，尤以各渠口草閘，經十數年之實驗，失敗又失敗，改良又改良，修護不知凡幾，致使治水諸同志，歷盡艱難，人民遭受無限痛苦，終知草木之力不足以久持，改建石閘，時勢逼迫，實成太需要了！

本計劃之擬議，首草之于程君瑞宗，繼成之于孫彬辟卿浦兩君，其間幾經勘研，幾經設計，每遇一點疑問，即赴實地勘決，遷延二載，諮詢專者，猶求世有經驗之老同志們不辭辛苦，迭作商討，迨客歲冬該計劃始全部決定，往來並同冒風寒，復到要工地帶，看作了回釋，嘔氣吵架，尚疏貫粗，何所能免，適本東西，係自幾其太丁草，或為於武斷，但實際工作之由來，得之於經次失敗，成之于程孫辟三君幸苦不辭之力者最多，今付初刊，為深感億雜冗也鮮學，稿成倉促，內中錯誤不備之處，自在意中，猶希賢哲惠予指正。

復謂此計劃，可供為研究與整理後套水利者的一個引子，而所計擬之初步工程自顯以無限之奮鬥努力，期於必成，尤冀社會賢達贊助而督率之，此拋磚之舉尚值博得一顧，則天賦後套水利前途定可露一綫曙光，此人稱之樂園或可藉此而邁進也。

王文景謹誌

綏遠省後套灌溉區初步整理工程計劃概要　序言　一

中華民國二十五年十月　日

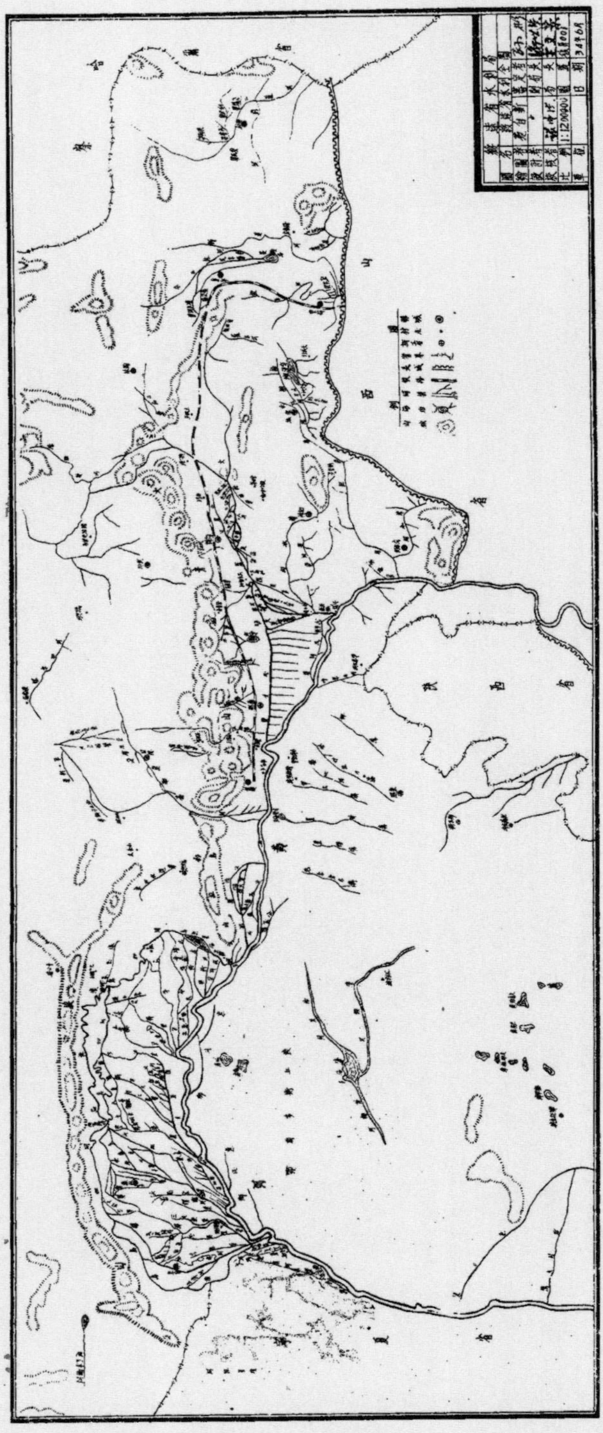

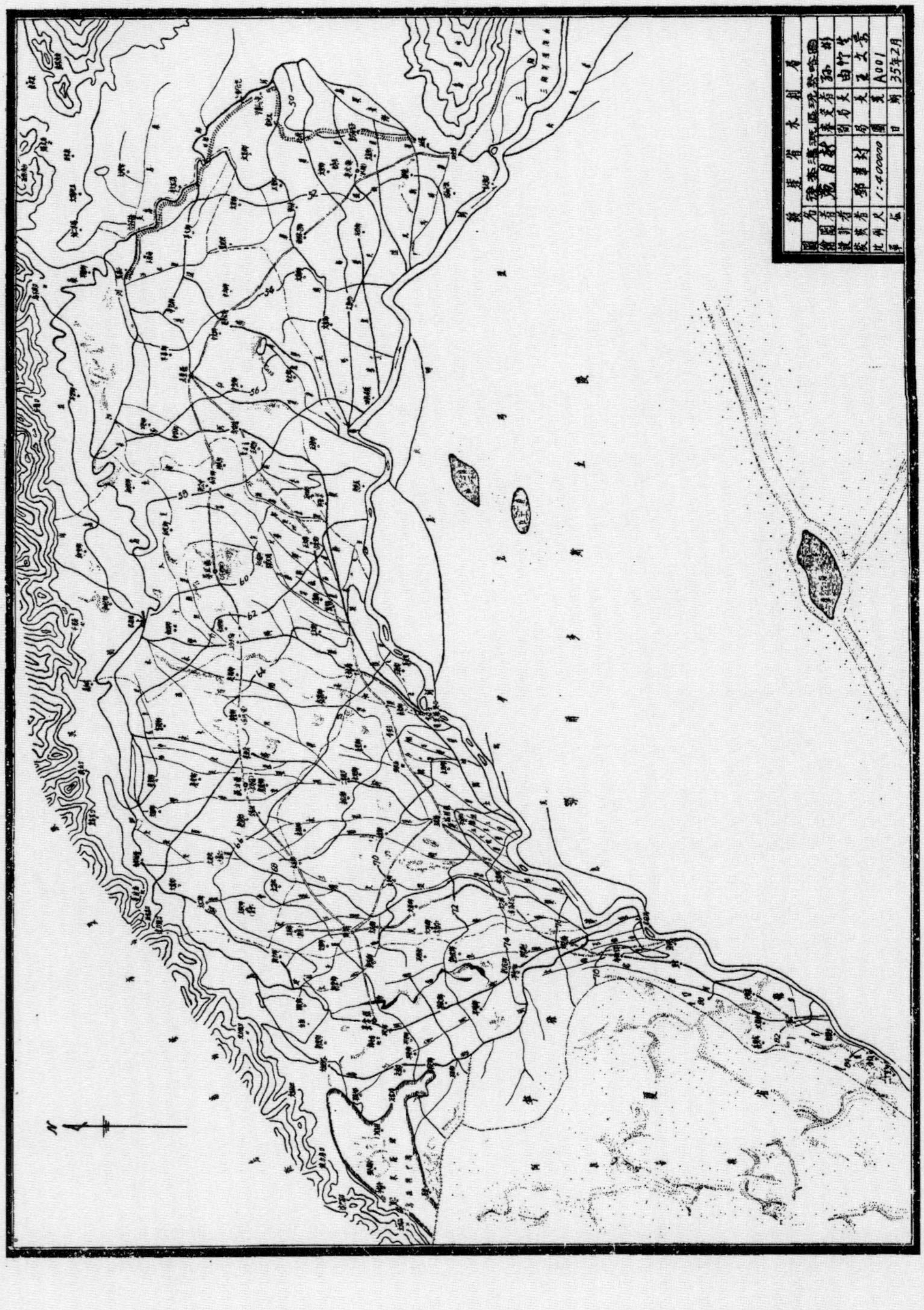
1:400000
A001
35年2月

中華民國二十五年四月

山東董莊黃河堵口工程紀要

弁言

查黃河自古號稱難治，而堵口工程尤爲治黃中之最難者，故舊時決口，每需款千數百萬，需時一二年不等；良以工料款三者，未能同時兼籌並顧，有以致之。祥於馮樓，貫台，董莊三次堵口成功，皆因我　經濟委員會常務委員兼主持全國水利事宜孔公運籌帷幄，指導進行，既使工款不缺；源源接濟；復增加運輸力量，使料物易於齊集；而於工程計劃，常責祥以融會中西學理，新舊辦法兼施；尤須銳意邁進，莫誤民間春耕，故此次董工，採取新法，用柳石捆枕合龍，而以舊法之積埽進占閉氣。今幸慶告成，民得歸田，差堪告慰。謹將施工經過，先編紀要一卷，以供關心河務者之參考。除詳細報告，另輯專刊外。尚乞

明教是幸。

孔祥榕謹識　二五，四，十。

山東董莊黃河堵口工程紀要目錄

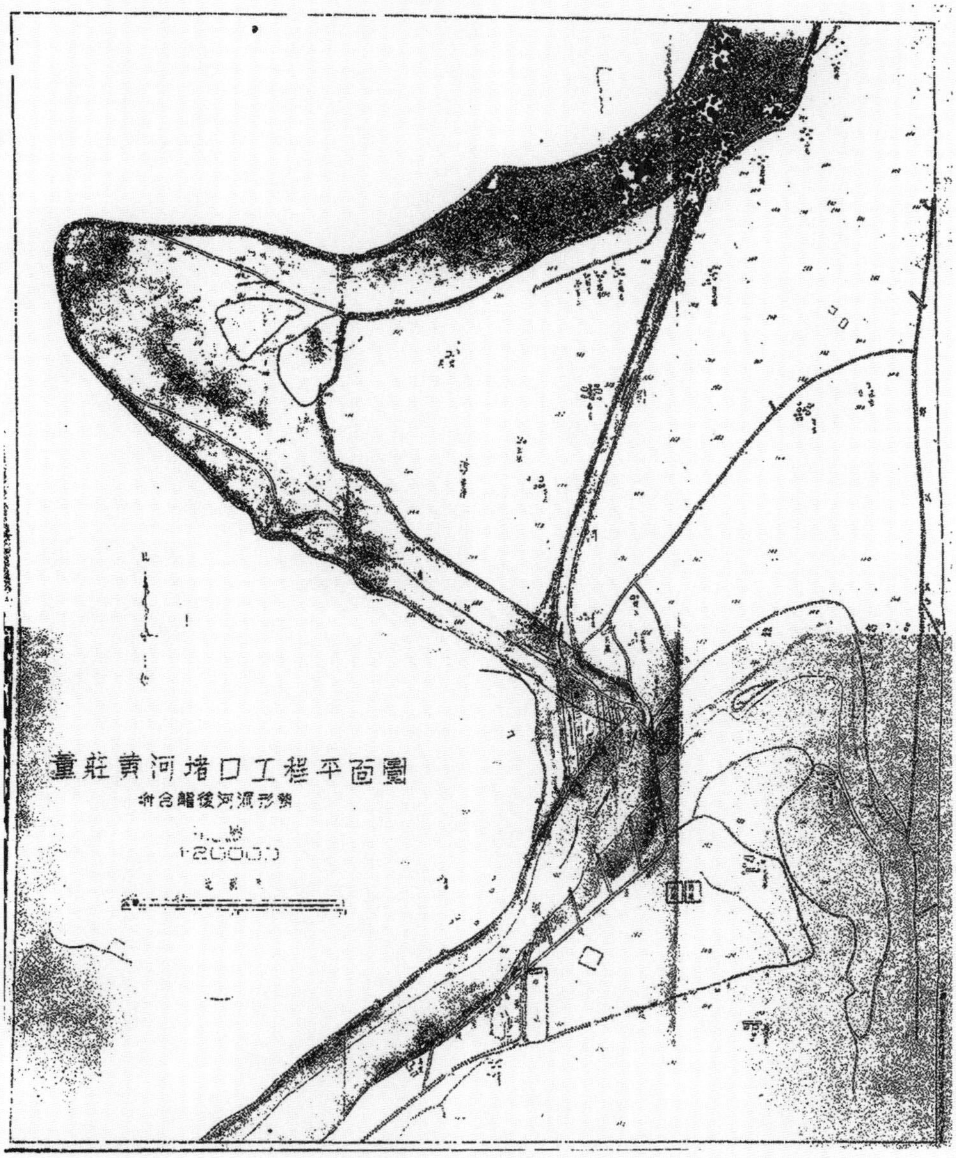
董莊黃河堵口工程平面圖
附合龍後河流形勢
1:20000

山東董莊黄河堵口工程紀要

一 決口情形

民國二十四年七月十日，黄河伏汛驟漲，全河流量超過一萬四千秒立方公尺，漫越董莊民埝，直趨山東南岸第一分段大堤。以未至魯省河局防汛之期，倉卒不及準備，遂先後潰決口門六處：計第一口門長一百十三公尺，第二口門長一百二十公尺，第三口門長一百十二公尺，第四至第六合爲一口門，共長二千四百公尺。大溜趨向最東一段，約長七百餘公尺。查其決口原因甚多，約可分爲三端：一、董莊以下河形成一大灣，洩水不能通暢。二、民國十四年李升屯決口堵合後，僅修有挑溜之江蘇壩十道，而於該壩至李升屯間未能加修防護工程。三、自民國二十二年以來，連年決口，下游河床，淤墊甚多，本年大水驟至，不及刷深，遂致漫決，建瓴南下，汎濫及於魯西蘇北數十縣，受災二百數十萬人，災區面積一萬餘平方公里。廬舍飄流，禾穀淹沒，災情之重，爲近數十年來所未有，此董莊黄河決口之大概情形也。

二 堵口原則之決定

董莊決口以後，中央軫念民瘼，叠經派員察勘，召集會議。詳後於決口之次日，即報立卽飭赴口門實地視察，幷於水利會議之前，再度赴堵勘察形勢，報告水利會，議商辦法。迨是年八月十八日，魯省韓主席召集宮莊堵口會議，謀所以計劃救濟之策。當時祥榕於病中被約，當卽就堵口意見，交王秘書郁駿劉視察栗忠代表出席，提請交付會議，其意見書內容約分三項：

(1)在江蘇壩附近擇定地點築挑水壩，以衝刷對面新淤灘地。

(2)在姜莊民埝外灘地上挑挖引河。

(3)自江蘇壩起沿灘地作土壩及護沿，至相當地點爲堵口西壩基，另於李升屯民埝南段作東壩基，兩面進行堵口合龍。經會議通過，作爲堵口計劃之原則。

三　堵口計劃之改定及變更木樁堵合辦法

根據上項原則，復察度水勢變化，實測地形，于前堵口委員會堵口工程計劃酌加改定，擬定具體施工計劃如下：

(1)鞏固李升屯殘埝並裹頭，用柳石盤築，作東壩基之掩護壩，以爲修築東壩基生根之處。

(2)培修江蘇壩十道及圍堤，並於第一第二兩壩間修築新壩二道，第二第三及第三第四兩壩間各加一道，以資鞏固。

(3)趕修江蘇壩第十壩，用柳石拋護延長，迎溜修築壩頭，拋石穩固，俾伸入水中，以期挑溜北移趨入老河。

(4)建築新壩，由江蘇壩起點至相當地點，作為西壩基生根之處。

(5)添築延長挑水壩四道，就新堤生根，以便承接江蘇壩挑溜之力，挑水北移。

(6)挑挖李升屯北大引河暨老槽內引河，裁灣取直，使水量有相當之出路，挽回口門濁水，及減輕堵口之困難，兼改良河道，使河流順軌。

(7)進占合龍，由東西兩壩用秸料捆廂壓土進占，前以柳箔包石坦坡護沿，後以大土戧後，進至相當距離，即採取馮樓貫台兩次堵口有效辦法，以柳石並核枕堵合之。

按前山東堵委會堵築口門辦法，由兩壩頭出占進築水工，約長九百公尺，至頂溜之一百公尺處，先打排樁，修成便橋，即行拋填磚石土包各項以截大溜，再於橋後修邊壩，並澆土櫃後戧，以速閉氣。查打樁堵口辦法，于黃河最不適宜，其理由：一、如水深至五六丈以上，即無法施工。二、黃河河底多沙，木樁打入後，經流水之激動，不能穩固。前人每多失敗，故斟酌予變更，改用馮樓貫台兩次堵口有效辦法，仍以柳石並核式枕堵合之。

四　接辦後籌備工款及統一指揮工作

查堵口工程先由山東堵口委員會負責辦理，並設立工程處，主管實施工程。數閱月後，魯省韓主席以省政緊急不能兼顧，一再電請中央交由祥熙接辦，節屆隆冬，河且封凍，運輸既感艱困，工程亦因土凍難施。中央徵求同意祥熙因感於韓主席推與之誠，復念災民昏墊之慘，披髮攖冠，義無可諉，遂於上年十二月十六日接辦。惟當時李升屯殘埝已坍塌百數十丈、潰水增加，情勢嚴重，形成全河奪溜，工程至爲危急，而江蘇圈堤及新堤挑水壩土工，雖已作百分之五六十，但帶附壩基之保護緊要工作，以及東西兩壩基之吃水重要修築，暨進堵口門合龍各項要工，均待進行。其主要料物如稭料，柳枝，石料，鉛絲，綵麻，等項，相差亦遠，而工款亦須另行設法籌措。祥熙奔走京，滬、汴，濟，鄭，閩，及董莊各處，對於工款料物運輸等項，同時並進。幸賴各方之協助，中央之指導，如運輸方面，承隴海路局之允許，代營火車，增加石料；工程方面，挖凍取土，鑿冰進占，賴同人之努力，日夜邁進。稭料柳枝，爲數過多，水路不通，陸運至困，幸得沿河各縣之協力，代購運工。引河民夫，亦得各縣之輔助，代爲征僱。兩壩工程，則招夫工作。並以中央所發公債三百萬元，得中央之主持，及魯省府之力助，一再向濟南中中交及地方各銀行，往返磋商，於極短時間成立抵押現金壹百五拾萬元之借款。是工款料物既籌備有着祥熙乃安心駐工，自任總工程師兼工程處主任工賑隊總隊長，以便統一指揮工作，督飭各處案同人及工地員夫，猛力前進，俾於清明前合龍，不誤民間春耕，此接收經過及督促進行之大概情形也。

五　全部主要料物之籌備

查各項堵口主要料物，計分石料，稭料，柳枝，黃料，麻袋，鉛絲，檾麻，青磚等，均係依照工程計劃估計數量，分別採購儲存備用。其採購地點及運輸方法，視料物來源之不同，而有殊異。玆分述於下：

(1)稭料，柳枝，係交由曹縣，東明，定陶，考城，蘭封，鉅野，鄆城，濮陽，長垣，菏澤，城武，朝城，范縣，濮縣，鄄城，滑縣等縣，分別代購，運送到工。稭料每萬斤堆成一垛，經廠驗收，隨收隨發料價。柳枝則過秤後，隨收隨即發價。其工地臨時所收物料，亦同樣辦理。

(2)石料，由隴海路徐州之大湖山，及平漢路利尙橋之陘山鷂王坑等處，向路局採購，分用隴海，平漢，津浦，膠濟，北甯等路，調撥車運堵口料物之棚貨等車裝運，至隴海路蘭封及羅王兩站，由本處運輸處轉運站卸載後，改由輕便鐵軌運至東壩頭等處河口，交由附設之船舶管理所，再用船隻運送工地。計先後徵僱船舶共六百六十四隻。

(3)黃料，柳樁，青磚，係由商人承包運送工地，隨收隨發料價。

(4)麻袋原係前任移來，尚不敷用。最近合龍及閉氣工作，需用甚多，復由蘭封縣署將貫台堵口工程所餘，託縣保管之麻袋二萬五千條，亦運到工；又向上海定購八萬條，趕運濟急。鉛絲亦係由滬採辦，均交由京滬，津浦，隴海等路，轉運開封車站，再由輕便鐵車軌運至河口，裝船運送工地。

（6）檾麻由濟南，開封等處採購後，用船車分載來工，僅有一部分係購自當地料商。前項料物到工，經材料處會同購料視察兩處驗收後，分由各廠派員負責保管，計分總東西新四廠，並派有廠夫晝夜輪流看守，復由材料處隨時派員前往點驗。工地需用料物時，由工程處隨時開具領單，由各廠主管人員查核照數發給；每日收支料物數量，均分別詳細造表報處彙轉，用昭核實。

六　展築江蘇壩添築挑水壩之挑溜顯著效能及圈堤工程

（甲）挑溜工程可分三項：一、培修江蘇壩十道，並於其間增築四道；二、江蘇第十壩基原定長二百三十八公尺，又加長三十公尺，全部拋以柳石料；三、江蘇壩迤下增築挑水壩四道；第一挑水壩長土基一百五十公尺，稭埽一百零八公尺，並裹頭拋護磚石；第二挑水壩原定長土基一百二十公尺，稭埽一百七十六公尺，又加長稭埽二十四公尺，並裹頭拋護磚石；第三挑水壩土基長一百四十八公尺，稭埽長二百五十一公尺，並裹頭拋護磚石；第四挑水壩土基長二百公尺，稭埽三百公尺，並裹頭拋護磚石。

以上各壩，皆所以挑溜北趨，減少口門潰水，尤以江蘇壩延長三十公尺，具挑水北移之最大力量，以其長度方向兩均適當，足使上游來水挽入第三引河，順流而入第四引河，不特予堵口工程以種種便利，并於保障南岸之安全有莫大之裨補焉。

(乙)圈堤工程一、培修江蘇圈堤長一千五百公尺。二、自江蘇壩起建築新堤計長二千零二十公尺于就地取土之外，又加包淤土，期益鞏固；即作爲西壩基生根之處，並爲新修南大堤之屏障。

七 引河工程之設計及完成後之功用

引河爲堵口工程中最關重要之工作，如全河奪溜，老河新淤，尤非挑挖引河不爲功；蓋堵口計劃，必先求水之出路，使口門不受壓迫，工程方易進行。查黃河在李升屯附近成一坐灣，每屆大汛，險象環生，十年之中，竟兩次漫決；故爲堵口易於施工及免除後患計，挑挖引河六道，導流貫去，回歸老河，使堵口合龍減少困難，茲分述於下：

第一引河長一百六十六公尺六公寸，均寬十六公尺，深一公尺五公寸，於一月十四日開放。

第二引河長四百三十四公尺七公寸，底寬五公尺，河口寬二十五公尺，深二公尺，於三月二十日開放。

第三引河長一千零四十公尺，底寬十五公尺，河口寬四十三公尺，平均深二公尺七公寸，於三月二十日開放。

第四引河爲以上各引河之尾閭，長五千三百八十三公尺，底寬十五公尺，河口寬四十五公尺，深三公尺，三月二十日開放。

第五引河長三百五十四公尺，底寬八公尺，河口寬廿六公尺，深三公尺，於三月十九日開放。

第六引河長一百六十五公尺，底寬五公尺，深一公尺五公寸，河口寬十一公尺，於三月十九日開放。

以上第一，第二，第三，第五，第六各引河，均在江蘇壩對岸沙灘，因受改道之影響，老河口角日漸伸張成爲灘嘴，幾有將老河閉塞之勢；堵口計劃，已將江蘇壩延長，并在新築大堤上建挑水壩四道，承接江蘇壩挑溜之力挑水北移，今若不將灘嘴截去，水勢必順北岸流行，直搏李升屯，危及東壩；但此灘嘴土方甚大，全部挖去，殊不經濟；故並行開挖引河數道。其中第一引河開挖最早，所費不過三百數十元；開放未幾，即將老河沖成極大之喇叭口，得以維持將絕未絕之流量，此河得力最多。迨口門逐漸縮小，僅餘三十九公尺五公寸，適值水位略高，至四十五公尺有半，首將第五第六兩引河開放，過水甚暢，口門流水因之減輕，而大河流量，得江蘇壩延長及四挑水壩之挑力，直向第三引河奔注，遂亦一併開放。第四引河，上承第一、第二，第三，第五、第六各引河之水，且與第三引河聯成一線，河頭土壩，以被水力激勢壓迫，突然塌陷，水流奔騰下注老河，此各引河間之關係，及其開放情形也。蓋引河與挑水壩本有密切互助之作用，水溜不挑，無以遏制口門之直溜，溜向難挑，而老河淤塞，水無出路，口門仍受壓迫，且有堵而復決之虞。第一、二、三、五、六等引河均爲吸引河流歸入第四引河之前導，而第四引河又爲吸引河流復歸老槽之先鋒，兼有裁老河十五公里大灣之功用；實使正河上游之水，遠避口門，直趨老槽之惟一正軌。竊自引河全部暢通後，非但釜底抽薪，可以減少口門潰水，於堵合成功助力甚大；且裁灣取直，河流順適，假使老河過而再淤，則收裁灣之效，老河爲水通暢，則工尾匯流之後，即收以水頂水改頂溜爲順流，可免除堤岸衝擊危險之虞；直一舉而兼數效，實于改善河道根本計劃中，亦可有相當之成功焉。

八　工賑隊之任務與組織

挑挖引河，因時間迫促，招致多數工人，勢甚困難；且黃河連年潰決，災區民衆無以爲炊者比比皆是，故設工賑隊以工代賑，令各縣政府輔助代爲徵僱災民來黃工作：計單縣，曹縣，菏澤，定陶，范縣，城武，鄆城，考城，東明，濮陽，鄄城，鉅野等縣，共計三萬八千一百人，實到約二萬五千餘人；并按給方價，多者每市方達一元六角，少亦一元二角；並借給工具，予以種種便利，由[illegible]自兼工賑隊總隊長，又聘魯省紳士彭青岑及鄆城縣長秦道指爲副總隊長，下設辦事員若干人，以各縣民夫之代表爲隊長，每一百名民夫置一分隊長，均按月予以津貼；凡民夫給養交通住所，及一切招待等事，均由工賑隊接洽辦理之。工竣後並由虞特製錦標旗幟，擇其竣工最速者，分別獎贈。第四引河方面計鄄城第一，定陶第二，鉅野第三。第三引河方面竣工最速者，計單縣第一，菏澤第二，定陶第三。經令行各縣派員來工，由徐親授，以彰榮譽，因之各縣民夫益加感動，異常努力。

九　稭料進占由柳石壩坡保護之得力

口門進占工程，自西壩至東壩，計長八百三十四公尺；由東西兩壩基，分別用稭料捆廂壓土進占，俟廂埽深入土中，擠土出槽後，再於臨河方面，以柳箔包石壩坡護滑，背河方面，以大土能跟進至三月十八日，兩壩距離三十九公尺五公寸，即採取馮樓貫台兩次堵口有效辦法，以柳石滾核枕堵合之。計西壩於一月一日起，正值嚴寒冰凍，乃打凍挖槽，敲冰進占，不分晝夜，拚力猛進，以期早日合龍，計共進三十一占，長六百五十三公尺，寬二十公尺，眞高五十八公尺二公寸，入水最深者，爲七公尺六公寸，後飭邊壩土櫃與柳石壩坡同時並進。東壩於二月十六日開始進占，計長一百四十一公尺五公寸，寬二十公尺，眞高五十八公尺八公寸，共九占，入水最深者有九公尺六公寸（壓入河底土中者，尚未計在內，西壩亦同。）後飭邊壩土櫃與柳石壩坡亦同時並進，故堅實異常。且因有柳石壩坡之保護，雖深入水中，水遇拋石而沉墊掛淤。乃自興工以來，進一步得一步，進一占得一占，雖經兩次盛凌水漲，及合龍時水位抬高，受猛烈之沖激，未稍發動。究其原因，不特後飭邊壩土櫃能節節跟進、有以固其後方，而柳石坝坡之能維護其正面，不爲急流所震撼，實具有莫大之功用焉。夫秸料捆厢進占，本爲中國歷代塞決之良法，以其就地取材，購辦甚易，運輸亦復不難，築成之後，兼有禦浪避溜之功，惜比重太輕，雖有土戗當其後，仍難免有搖動吊蟄之虞；甚至隨流俱去，莫可挽救。祥榕積多年實地之研究，以科學原理，改良舊法之缺點；故此次進占以大土壓料，藉層束腰下沉，候至河底擠出泥漿着實後，再於臨河埽脚鋪伸柳箔，上拋塊石坝坡一比三，至規定程度時，方將柳箔包裹坡沿；不但可以爲抵抗刷底之用，且有禦溜落淤之功，是此料埽已被夾於石坡土戗之中，其能安如磐石，不稍動搖，良有以也。

十　黃花寺引水歸河與董莊堵口及李升屯北引河利害之比較

堵口計畫既經核定，各項工程正在進行之際，本處按照經委會水利委員會議決案。于李升屯北挑挖大引河裁灣取直，引水歸槽；其時適值凌汛沖決鄄城民埝，遂有引水由黃花寺入河之主張。一時報紙喧傳，甚囂塵上，而同時主張挑挖李升屯北引河繼續堵口，反對由黃花寺入河者，遂亦蜂擁而起，兩派互訴，爭持甚烈。查鄄城民埝因一時冰凌擁阻，致被沖決，如欲引水由黃花寺入河，既受地形上北高南低，首尾寬狹之限制，復無河槽以容納鉅額之水量；毀害舊堤內千餘村，二十餘萬人之生命財產，而南岸大堤一百八十里，年久失修，尤足以重演潰決之慘。祥榕有見及此，除向經濟委員會陳述正當理由，俟命辦理外，一面仍照原定計劃進行，堅毅邁進，不稍停頓，適得有今日合龍之成功。茲將李升屯北引河，及黄莊堵口與黄花寺改河計劃比較利害列表於後：

李升屯引河與黄花寺改河計劃利害對照表

計劃／對點	李升屯引河	黄花寺改河
計劃目的	依非堵口挖挖李升屯北引河使河取直引水由本河歸入老河	黄莊不堵口擬開鄄城民埝引水入套堤内由黄花寺歸老河但南大堤仍須堵口
河線長度	姜莊至郝樓計長五公里半	呂莊至黄花寺計長一百公里
經過地域	灘地寬度平均三百公尺	套內田地寬度平均十五公里
固定河槽	有	無
經過村莊	二	一千以上
現有堤形	兩堤平行洩水甚易	首尾尖中腹大洩水困難
地勢現狀	灘地上挖挖引河有設計比降	套堤內地勢北高南低黄花寺附近高仰
汛期容量	堤距甚寬灘地廣大足供容洩	修築套堤之內吐納不及易於潰堤漫決
水流方向	流順引河水行地中	流沒套地水行地面或旁堤沖刷勢必遠窩分串
流量比較	一月十八日鄄城溫埝偶段洪波據洪水位漲高向已淤塞之老河流量尚有二百七十秒立方公尺	同日全河流量六百三十秒立方公尺由口門南流者二百八十五秒立方公尺由決口最大流量僅七十五秒立方公尺不及老河三分之一

放任結果	二月十三日最汛量至引河口之大河流量為二百一十秒立方公尺	同日決口雖奔騰水仍於六日即洩不遠所流量其勢不過宜之諸河凡決汛日入於之水約計約六七百餘萬立方公尺黃河南岸上游四分甲各處已經溢流若故以伏汛時有五十倍以上之全河流量傾入更不堪設想矣
伏汛危險	無（因引河計畫有防護工程）	有（因山東大堤年久失修勢必到處潰決其後患將等於董莊決口）
地畝損失	挑挖引河約佔河灘一千八百畝每畝以十元計約值一萬八千元	已被河槽水淹沒堤內民田約二百五十萬畝每畝以二十元計約值五千萬元
受災人口	無（祇有二小村已給費遷移）	金堤內二十餘萬人口若南堤不保則受災人口更難計數矣
善後災賑	無	為數不貲且本無處安置
挑挖河道	引河及防護工程，八十餘萬元	若欲挑挖固定河槽按河底寬三百公尺深三公尺坡一比三計之需工費在二千萬元以上
修防工費	已在引河計劃之內	山東大堤長一百公里隄岸需修防費在八十萬以上又護岸工程約需一百萬元
工程進行	已開工計日完成	難於着手非[illegible]歲不必得大效
時間關係	從容不迫不誤合龍時期	倘不借挽救任堤內數十萬人民生命財產決定引水入堤則低限度仍須將董莊口門堵塞山東大堤並培但汛期已近恐不及待矣
民情觀察	引河經過僅二小村再且因無反對	決堤引水淹沒村落千餘人民豈肯甘服
河道地位	因引河係照原河道對取直河行南北兩民堤之間南岸仍有山東大堤北岸有金堤均兩重保障	決民堤入金堤南岸祗有一重山東大堤倘再潰決則水勢建瓴而下危及[illegible]矣

十一　老河引河過水與堵口合龍之重要關係

堵築工程逐日進占，口門愈小，則流速愈增，流量愈減。而老河因淤墊曲折之故，沖刷不及，宣洩不暢，勢必抬高水位，增加堵築之困難，故另闢徑直之引河，以謀水之出路，前已言之。此次堵築工程，西壩進占，自一月一日至三月上旬，均係淺水工作，水位升降，與漲堵無甚關係。東壩緊靠大溜，興工之始，即係深水工作，自二月十六日進占，十餘日後，大溜即移向中泓，使靠近西壩河底之高埂日就坍削，如是兩壩同時進行深水占，雖値水位稍落，而老河之流量，仍得維持，或反增大，十餘日後，口門日見狹小；乃於三月十九日開放第五，第六兩引河，以增洩量；由是以及第二，第三，第四各引河過水均甚通暢。迨堵築合龍之前數日，口門愈窄，全河之水乃分由老河及各引河順流而下，挽歸故道。本處曾於有關係各地點，逐日按時記載其水位流量，雖其升降增減，必繫於上游之漲落，然門口與老河及引河互爲消長，亦可見其一斑焉。茲將口門附近各處水文記載表附列於後：

董莊堵口工程附近水文記載表

三月二十五日

時間	江蘇垻		第三引河		第四引河		老河		口門				備註
	水位	流量	水位	流量	水位	流量	水位	流量	水位 上口	水位 下口	水位差	流量	
1	55.20								55.23				
2	55.21								55.22				
3.	55.22								55.21				
4	55.22								55.19				
5	55.22								55.21				
6	55.23								55.21				
7	55.24	840			55.02	60	55.02	250	55.22	53.78	1.44	530	
8	55.25								55.23	53.75	1.48		
9	55.25	880							55.24	53.76	1.48		
10	55.26	880	55.24						55.24	53.75	1.49		
11	55.28	870	55.24	28					55.25	53.77	1.48		
12	55.31	860	55.24	28	55.08	65	55.08	280	55.27	53.75	1.52	515	
13	55.31	850	55.29	31	55.08	65	55.08	280	55.31	53.73	1.58	505	
14	55.34	840	55.31	32	55.12	70	55.12	290	55.31	53.72	1.59	480	
15	55.34	820	55.31	32	55.12	70	55.12	290	55.32	53.71	1.61	460	
16	55.33	800	55.33	33	55.12	70	55.12	290	55.33	53.67	1.66	440	
17	55.33	780	55.33	33	55.12	80	55.12	290	55.33	53.67	1.66	410	
18	55.33	780	55.34	33	55.12	80	55.12	290	55.35	53.65	1.70	410	
19	55.34	760	55.34	33	55.15	85	55.15	310	55.35	53.64	1.71	365	
20	55.36	760	55.34	34	55.15	90	55.15	310	55.36	53.64	1.72	360	
21	55.37	760	55.34	35	55.14	90	55.14	320	55.35	53.61	1.74	350	
22	55.37	760	55.34	36	55.13	100	55.13	330	55.36	53.59	1.77	330	
23	55.36	760	55.35	36	55.16	105	55.16	335	55.37	53.61	1.76	320	
24	55.36	760	55.35	37	55.17	110	55.17	335	55.37	53.62	1.75	315	

董莊堵口工程附近水文記載表

三月二十六日

時間	江蘇埧		第三引河		第四引河		老河		口門				備註
	水位	流量	水位	流量	水位	流量	水位	流量	水位 上口	水位 下口	水位差	流量	
1	55.37	770	55.35	37	55.19	120	55.19	337	55.36	53.61	1.75	313	
2	55.37	770	55.35	37	55.19	120	55.19	337	55.37	53.58	1.79	313	
3	55.37	770	55.36	38	55.18	120	55.18	337	55.37	53.60	1.77	313	
4	55.36	760	55.35	37	55.17	120	55.17	340	55.35	53.55	1.80	300	
5	55.37	760	55.34	37	55.16	120	55.16	340	55.36	53.56	1.80	300	
6	55.38	750	55.34	37	55.16	120	55.16	340	55.37	53.58	1.80	290	
7	55.38	760	55.36	38	55.18	120	55.18	349	55.37	53.57	1.80	291	
8	55.37	750	55.36	38	55.19	120	55.19	350	55.35	53.55	1.80	280	
9	55.37	760	55.34	38	55.14	120	55.14	350	55.36	53.54	1.82	290	
10	55.37	750	55.34	38	55.14	120	55.14	360	55.35	53.53	1.82	270	
11	55.36	750	55.34	38	55.12	120	55.12	360	55.35	53.54	1.81	270	
12	55.33	750	55.34	38	55.10	120	55.10	360	55.33	53.54	1.79	270	
13	55.33	730	55.31	37	55.11	110	55.11	350	55.33	53.53	1.80	270	
14	55.33	720	55.30	36	55.10	100	55.10	350	55.32	53.52	1.80	270	
15	55.34	710	55.30	34	55.10	95	55.10	345	55.34	53.45	1.89	270	
16	55.34	650	55.32	34	55.09	80	55.09	320	55.34	53.44	1.90	250	
17	55.34	650	55.31	34	55.07	80	55.07	320	55.33	53.47	1.86	250	
18	55.34	680	55.29	33	55.07	80	55.07	360	55.34	53.49	1.85	240	
19	55.34	700	55.29	33	55.08	80	55.08	420	55.34	53.44	1.90	200	
20	55.33	750	55.29	33	55.10	80	55.10	500	55.34	53.43	1.91	170	
21	55.31	750	53.28	32	55.06	80	55.06	500	55.33	53.40	1.93	170	
22	55.32	770	55.28	33	55.05	80	55.05	520	55.33	53.40	1.93	170	
23	55.30	750	55.27	33	55.05	80	55.05	520	55.29	53.38	1.91	150	
24	55.29	750	55.25	32	55.05	80	55.05	520	55.27	53.39	1.88	150	

董莊堵口工程附近水文記載表

三月二十七日

時間	江蘇壩		第三引河		第四引河		老河		口門				備註
	水位	流量	水位	流量	水位	流量	水位	流量	水位上口	水位下口	水位差	流量	
1	55.29	750	55.25	31	55.05	80	55.05	520	55.26	53.37	1.89	150	本日下午五時四十五分合龍
2	55.27	730	55.24	31	55.01	78	55.01	510	55.24	53.37	1.87	142	
3	55.27	730	55.23	30	54.96	76	54.96	500	55.21	53.37	1.84	154	
4	55.22	710	55.21	30	54.95	76	54.95	500	55.19	53.37	1.82	134	
5	55.23	710	55.21	29	54.95	77	54.95	500	55.22	53.37	1.85	133	
6	55.23	710	55.21	29	54.94	75	54.94	500	55.21	53.35	1.86	135	
7	55.23	750	55.21	30	54.93	80	54.93	540	55.21	53.35	1.86	130	
8	55.21	760	55.20	30	54.92	80	54.92	550	55.21	53.35	1.86	130	
9	55.21	760	55.17	30	54.92	80	54.92	550	55.21	53.32	1.89	130	
10	55.24	840	55.20	30	54.94	100	54.94	640	55.24	53.31	1.93	100	
11	55.24	880	55.20	30	55.02	100	55.02	670	55.24	53.29	1.95	100	
12	55.25	880	55.22	30	55.02	115	55.02	685	55.26	53.29	1.97	80	
13	55.26	890	55.25	41	55.02	125	55.02	700	55.28	53.27	2.01	65	
14	55.27	900	55.26	44	55.01	130	55.01	720	55.28	53.25	2.03	50	
15	55.27	890	55.26	44	55.01	130	55.01	720	55.28	53.25	2.03	40	
16	55.30	900	55.28	46	55.00	130	55.00	740	55.32	53.17	2.15	30	
17	55.32	900	55.31	50	55.04	130	55.04	745	55.34	53.15	2.19	25	
18	55.35	910	55.34	53	55.07	132	55.07	760	55.36	53.11	2.25	18	
19	55.38	910	55.36	70	55.09		55.09		55.38	53.06	2.32		
20	55.42		55.37	80	55.10		55.10		55.39	53.01	2.38		
21	55.42		55.37	80	55.12		55.12		55.40	52.99	2.41		
22	55.42		55.37	90	55.12		55.12		55.41	52.97	2.44		
23	55.42		55.38	100	55.14		55.14		55.43	52.96	2.47		
24	55.42		55.40	120	55.15		55.15		55.43	52.92	2.51		

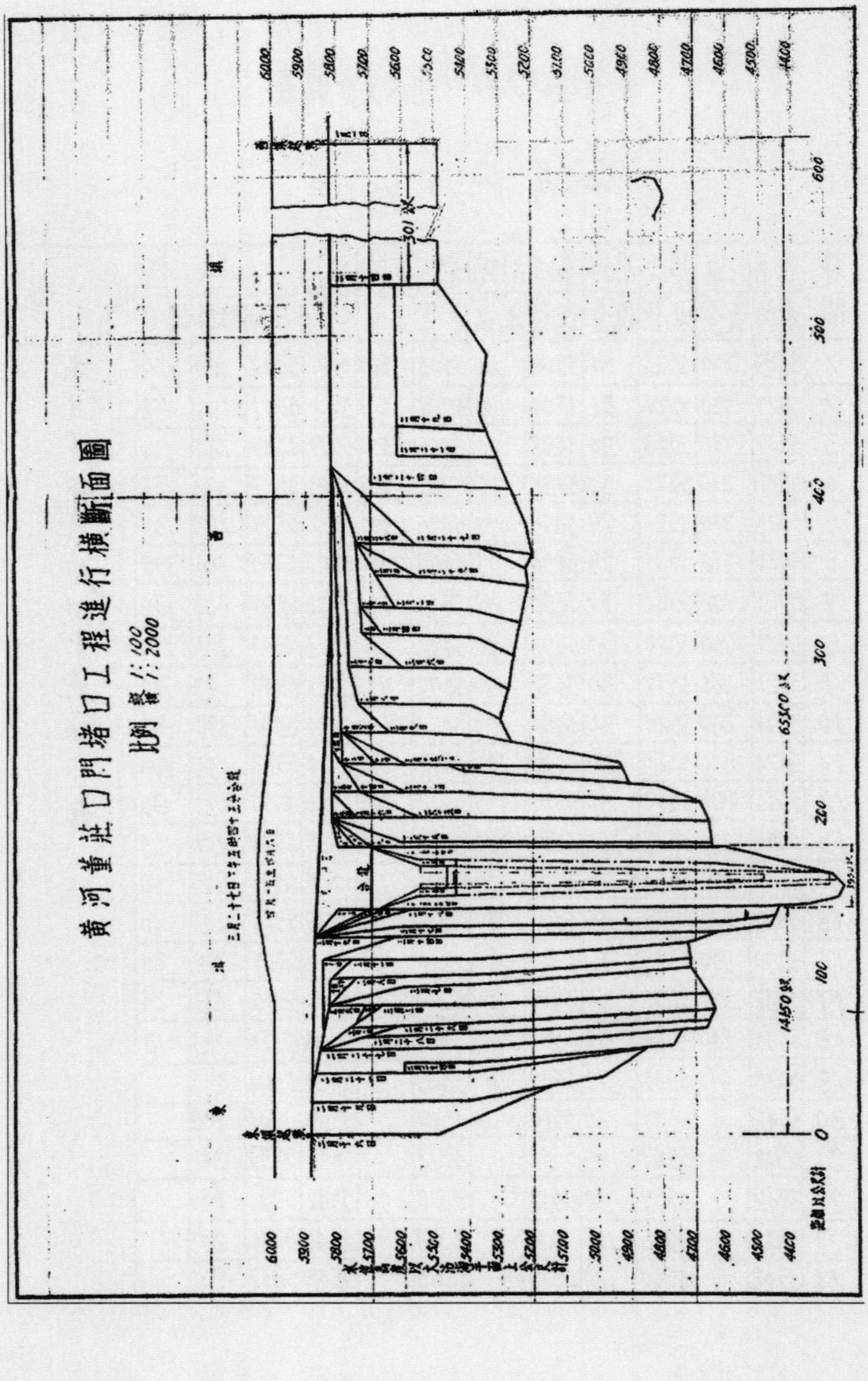
黃河董莊口門堵口工程進行橫斷面圖
比例 豎 1:100 橫 1:2000
東
西
0
100
200
300
400
500
600
14450 公尺
65500 公尺
301 公尺

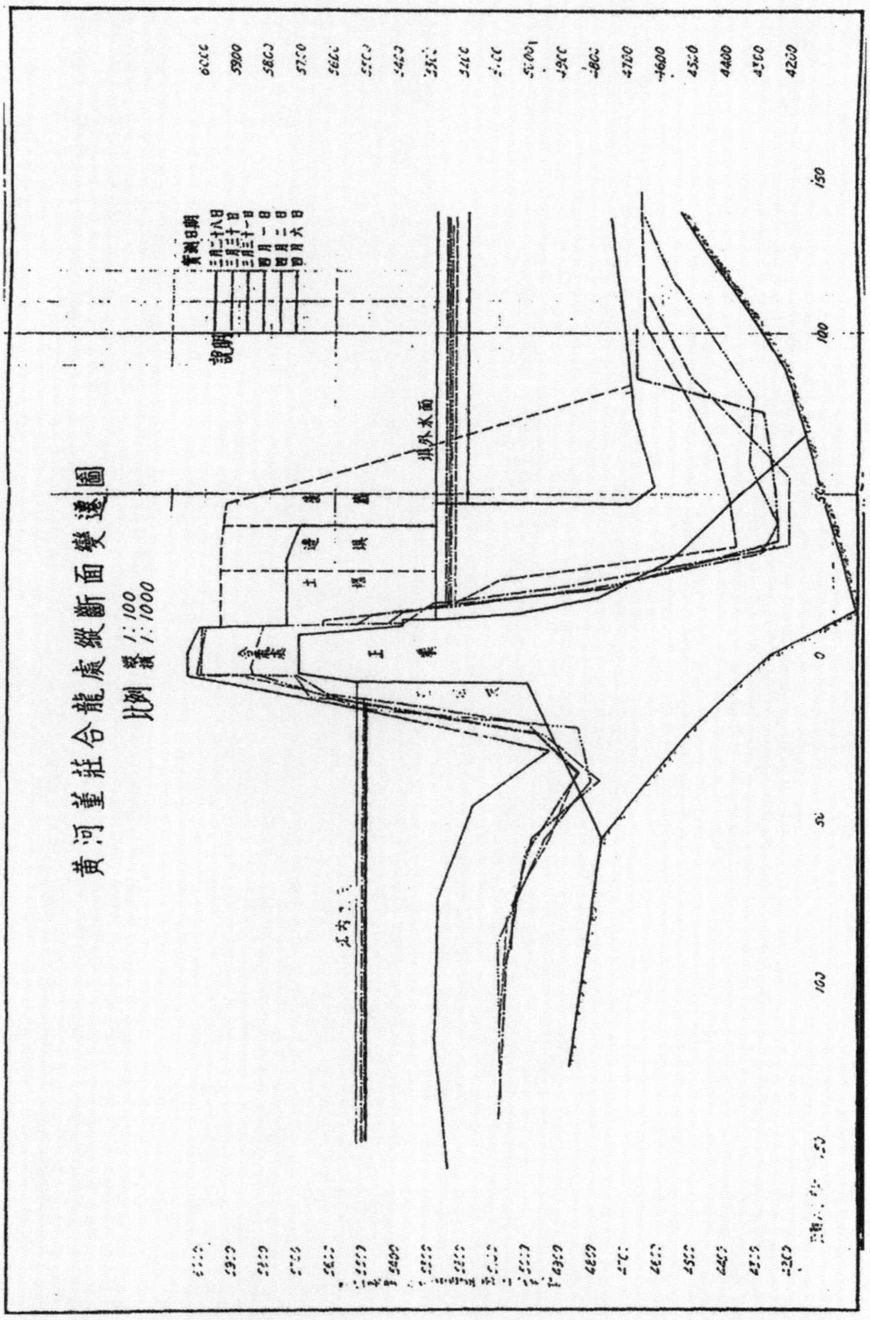
黄河董莊合龍處縱斷面變遷圖
比例 竪 1:100 橫 1:1000
說明
堤外水面

十二　柳石棗核枕堵口之成功

合龍工程由東西兩壩進占，至相距三十九公尺五公寸時，各壩壩頭鑲裹堅實，於三月十九日始，拋用柳石枕；以其形似棗核，故名柳石棗核枕。枕之製法，先期以鉛絲紮成柳把，徑約一公寸，長八九公尺不等，再就船面及壩頂以柳把裹石成棗核枕，徑約七八公寸，長約十四公尺，中用蔴繩由枕心穿出，繫繞紮捆于枕之中腰及兩端，即以此繩在上口枕之首端掛纜緊繫於壩脚，推之使沉。如是逐層填築，迨其出水，以柳把繞其綠，以石塊塡其隙，並以散柳碎石培其車，至相當高度，告一段落。其情形與捆廂略似，惟以石代土，以柳枝代稭料，以鉛絲纜代蔴繩耳。

拋柳石枕應先注意枕之圓徑及長度，以及下水時之位置及方向。水流急湍，其力大甚與京，稍一不慎，必隨流水以去，差之毫釐，謬以千里，要在施工人明察水勢，權衡重力，以極精銳之眼光，極敏捷之手段，于剎那間，與水爭出路，非可拘于成法也。其佈置情形，于口門內置巨船二隻，左右各派工夫五六十人，分班捆枕，由兩壩源源接濟柳把與塊石，連同兩邊壩頂，同時可分六班進行。每捆一枕，約需時十分至二十分鐘，每小時六班，可捆二十餘個。如是全體職工一致動員，辭修親赴最前線振臂指揮，晝夜督飭猛進，甚至側身班伍，亦所不惜。良以民間之能否得以春耕，固在主其事者之能否實力速成，故實行參加工作；因之員工兵尖益加感奮，一鼓作氣，幸得於三月二十七日下午五時四十五分，兩邊柳石枕填築出水，會合一處，宣告合龍。同時並以柳枝碎石提緊加高幫寬，更以多量袋土前後維護。至其最上層，則仍以稭料鋪填，壓以大土，此合龍正埽堵築完成之大概情形也。

十三　邊埽進占與土櫃填築之閉氣工作

正埽合龍後，因其核枕係柳石製成，原則上當然不能使勿透水，故閉氣工程，爲合龍後應賡續進行之工作。緣正埽後本預先設有跟進之邊埽，計寬十三公尺，全部以稭料捆廂築成，乃就邊埽繼續進占，採取舊時合龍法，中下關門埽，並於正埽與邊埽間之土櫃間計寬八公尺，照式趕行填實。邊埽之後，復澆戧土，計寬十四公尺。其應注意者，邊埽後戧及土櫃萬不可拋石，以防石塊梗塞透水，難於閉氣；須先用柳枝墊底，再裝膠泥土于蔴袋或蒲包中，壓之使深入於河底泥中，後以黃料填於蔴袋及蒲包之夾空中，使之無隙可乘，水不能透，而閉氣之工作，于以完成。

合龍工作利用石，閉氣工作避用石，此爲一定不移之公例；故于口門合龍之後，先用蔴袋拋出水面幫寬臨河大埽，始拋石成坡度，並築成半月形埽，以備水漲挑溜歸河之用；既可保護埽基，又可挑溜歸河，是龍門口之新堤，因兼具有挑水埽之效能也。

閉氣工作，貴在使溜散而不聚，以分水力，柳石枕埽本固透水，一、可免埽工發生腰漏，二、可減殺溜力，不使透過之水，集中一處，易生河底淘刷，掀動埽基之危險，且於邊埽進行發生影響。

十四　圈埝養水盆之設施

土櫃邊埽後能完成以後，本可不再過水，惟因邊埽下柳石沖積，使稭料與河底不能銜接，而埽內外水位，相差過鉅，以水壓關係，仍難完成涓滴不流之目的；必須於二埽後再築圈埝，形成一養水盆，使透底之水，瀦蓄其中，俾內外水位相齊，成為平衡狀態。此次養水盆圈埝，自東埽以迄西埽，計長一三七六公尺，頂寬十公尺，內外坡度一比二，五，並於沿水濱之處，均用稭料作埽，以免風浪之淘刷而使特別鞏固焉。

十五　雜項工程

雜項工程，多係堵口後設備，其中最著者，有圈繞土塘小埝長三千八百九十四公尺，頂寬二公尺五寸，坦坡一比三，均高一公尺五公寸，係沿灘築埝，所以防護料廠，及取土坑塘，使漫灘之水不能浸及塘內。此項工程雖小，但關係全部工程設備殊大；故接辦後加緊修築，于一月五日動工，並于一月下旬加寬培厚，以期鞏固。其餘各項工程分別條例於後：

(甲)江蘇埽圈堤添築馬道一條。

(乙)修築及加培山料廠至西壩料路一條。

(丙)西壩修築及培築順堤土路一條。

(丁)修築山料廠至東壩料路一條。

(戊)西壩護堤埝內外修築及加培土料路一條。

十六　財政公開與工款之節省

鈞座痛恨歷來河工積弊，力矯其非，堅持實報實銷財政公開之宗旨，除經管工款員司，均係慎選操守清廉之人外，特請審計部主計處財政部各派專員駐工，實行監察；當蒙審計部派卞稽核是任駐工稽核，主計處派徐會計增福任駐工會計處主任，財政部派孔監理令飛任駐工出納監理。所有本處工款支出，均非經三駐工代表審核簽字，不能支付，每日均有收支日報表可查，以故收支細數，隨時可以公開。

查此次董莊堵口，原估預算，經前山東堵口委員會送由經濟委員會核准者，計國幣貳百陸拾柒萬餘元；又引河費捌拾壹萬餘元，共計叁百肆拾捌萬餘元。山東堵委會已用玖拾肆萬元。總由本處領支者計國幣貳百伍拾肆萬餘元。但自接辦日起至四月五日合龍閉氣日止，共支工程費引河費及總務費約共國幣壹百陸拾玖萬捌千餘元，照原預算現時尚有節而未用之數計國幣捌拾肆萬餘元。除堵口及善後工程正在繼續進行外，連同餘存材料估價合計節省之工款，當在壹百萬元以上。

十七　工地衛生之設備

工地員夫，總計不下七八萬人，衛生清潔，首宜注意疾病治療，尤不可不預爲設備，是以特設診療所，派有診療主任及醫士助手二十餘人，逐日施診，並奉經委會水利委員會孔主任委員派員來工贊助衛生工作，規定辦法，分項實施(一)在工人聚集之所，鑿井多口，以資供給清潔飲料。(二)飲料用簡單之沙濾辦法，或用舊法以白礬澄水，俾易澄清。(三)販賣食物，須經過檢查，其污穢及有礙衛生者，嚴加取締，天氣漸暖，尤應各加紗罩以防蒼蠅。(四)擇定適當地點，廣設廁所，於工人居所附近之處，嚴禁工人任意隨地便溺。(五)廣貼簡明衛生標語，俾工人等明白了解。(六)就原有診療所而擴充之，廣施醫藥，以便患者隨時就診，復以挑挖引河，範圍過廣，深恐就診不便，另組巡迴游行診療隊，逐日抽調醫士，隨帶中西藥品，輪流分途出發，時到工作地點，及民夫所居窩舖等處游行診治，收效甚宏。計自開辦日起，至四月五日止，共計診治內科八四九七名，外科一七七四二名，眼科二七七一名，耳科三四二名，牙科三三四名，喉科一六九名，其他各科七二名，共計二九九二七名，

十八　善後工程

合龍既告成功，善後工程，自必繼續進行，茲將應待舉辦各項工程，略述於後：

(1)修復山東大堤　堵口工作，係於臨河施工，而在其後方，原有之山東大堤，亦必修復完整。

(2)培修朱宮段山東大堤　朱口堤身坍塌殊甚，應培修高厚，以臻鞏固。

(3)培修李升屯民埝及建築退埝　姜莊東李升屯民埝，逼近第四引河，應由合龍處北首蘇莊，南接李升屯民埝，另修退埝一道，經韓莊穿殘埝仍接於民埝，又由新修退埝北端起至陳莊止，培修民埝一段，以固後防。

(4)護堤工程　由李升屯東壩起，至馬莊殘壩止，新修及加高幫寬之堤，均加防護工程，以資抵禦。

(5)鞏固工程　各挑水壩以及新堤，均須施護沿工程，各壩頭並須用柳石拋護，以資防護。

(6)其他鞏固及善後工程尚多，應察看情形，相機辦理。

十九　結論

治河難　治含沙逾量之黄河尤難，治含沙逾量之黄河於連年潰決，淤填險阻之後爲更難。堵口難，堵全河奪溜之決口尤難，堵全河奪溜之決口，於工鉅料缺，運繳時迫之際爲更難。黄河自出龍門下河津，由高原以達平地，所含上游各支流之泥沙，多至百分之四十，不能挾之以俱去，遂隨處淤澱，遷徙靡常，變化莫定。河床壅積愈高，漫決之災害愈烈，每歷數百年或百數年而一改道，數十年或十餘年或數年而一決口；如民國二十二年以來，三年之間，連決三次，尤爲有史以來所罕觀。此次董莊決口，地處江蘇壩下游，迴溜頂撞，居高臨下、潰決未幾，即演成全河奪溜之狀態，氾濫魯西蘇北數十縣，滔滔乎有南下江淮之勢，故與前馮樓貫台兩次決口，潰水仍由陶城埠歸河不同；不特水由微湖入運，足以破壞全部導淮工程，且可由運入江，合江淮河三瀆爲一瀆，能使華中各省，悉受沉淪之奇慘。至堵築施工方面，以地處魯蘇邊陲，與濟汴相距均在二三百里以上，交通不便，料運維艱，中途接辦，時間迫促，實爲堵口工程中之最難而關係最大者。故其計畫必須具有遠大之眼光，與夫精審之策畫，氣候水勢之預測，款料人工之籌備，方能收天時地利之機宜。其有主張開挖李升屯民埝，使水由黃花寺入河者，又有主張於李升屯南挑挖引河穿堤導水入河者，亦因容量不足以周旋，穿堤適足以自危，果行其策，勢必再潰民埝，危及南堤。本年二月間鄄城民埝果又冲潰，而流入埝內之積水，仍復自然斷流。以上兩主張之不能實行，已足證驗。幸賴地方明達，擁護正義，仍堅毅邁進，始有今日董莊合龍之成功。至於堵合之時，更須詳考每年在此時期之水位流量，與董莊附近全河形勢，及口門河形之變遷，水位流量之漲落。既須乘枯水時期利用水小以濟堵，復須借水漲之力，以刷深引河，而導流順軌：故有第一二三四五六各引河之挑挖，其功用及利用之時期，皆有不同，而開挖河頭之遲早，並於合龍工程暨後工程，均有密切互助之關係。說者謂老河已全淤塞，形同廢物，引河失敗，不能過水，然今日全河流量，固已由原老河槽及引河暢流下注矣，其可以利用，已不辯自明，然非無因也。識者應于老河當時被淤情形，與夫未淤時曾過流量數目，以及是否新淤？淤土純係膠泥，抑或沙土？皆于事前一一加以詳察，而預知其究竟，則設計也乃較有把握。故治河之道，前清朱河督什有嘗曰，非淡泊無以耐風雨之勞，非精細無以察防護之理，非慈斷無以應倉卒之機，是皆在處處躬行實踐耳。不然，對於實勘工程，又何貴乎履勘耶？是故專憑理想不察事實之空論，固非負責實施工程者所當採取，要在真能明瞭技術變化之效能，與夫測量準確之功用。計劃澈底，施工務實，認定目標，處處事事要準備周密妥協。而仍從實地經驗上加以靈敏果毅之處理，庶能得心應手；利用天時地利之時機于人和之中，同心協力，分工合作，團結精神，勇往直前，一氣呵成而堵合之，是又非僅止于時時注意調度人工材料已也。由此觀之，則一嘗一行數千百萬之人民生命財產繫焉，烏得而不慎？茲以董莊堵口工程，合龍閉氣均幸告成，謹就已往經過之實況、彙擷概要，以貢關心治黃者之參考、而明其中之真相焉。倘乞明教是幸。

後記

我是從數學史學習中逐步瞭解治黄史的。漢代《許商算術》的作者許商，好天文術數之事的王景、李尋善，他們既是數學家，又以治理黄河而聞名。我國現存最早的河工著作《河防通議》，將中國古典數學天元術運用到治黄工程中，創造了中國古代工程數學的一個高峰。除了數學史之外，内蒙古師範大學科學技術史研究還以少數民族科技史和地方科技史見長。李迪先生曾指出地方科技史研究的重要内容是人與自然環境變遷、科技遺迹與自然環境以及環境與生産的關係，此類研究具有明顯的現實意義和重要價值。想要通過大科學史研究，弄清變遷的原因和未來的發展趨勢，産出對于地方各方面的開發有更大、更直接價值的成果，這類研究大多離不開文獻。之後，李迪先生更是直接指出科技史研究不僅是對過去的科技工作和科技成果的回顧與總結，而且要着眼于現代，讓古人的發明創造爲今人服務，繼續在現代發揮其應有的作用。我將先生大科學史的治學理念視爲座右銘，在科研工作中更加注重讓科研成果服務于國家戰略與區域發展需求。

二〇一九年九月，習近平總書記在黄河流域生態保護和高質量發展座談會上指出，黄河流域在我國經濟社會發展和生態安全方面具有十分重要的地位。黄河流域生態保護和高質量發展是重大國家戰略。同年十月，黨的十九届四中全會提出『加强邊疆治理，推進興邊富民』，首次把邊疆治理寫入黨的文件。内蒙古師範大學組織科研力量，積極申報研究闡釋黨的十九届四中全會精神的國家社科基金重大項目，其中『中國特色社會主義民族區域自治制度自信研究』項目獲批。我承擔其中的『鑄牢中華民族共同體意識下的民族自治地方文化自信研究』子課題，而黄河是首選文化要素。二〇二四年，該項目順利結項，我也對黄河文化所藴含的時代價值有了更深的體會。

有鑒于此，我帶領文化遺産智能應用服務中華民族共同體建設『英才興蒙』團隊，以黄河爲主題，開展了文獻、文物、傳統工藝等多模態資源庫建設和跨模態應用示範工作。這次與内蒙古人民出版社合作出版的《黄河國家治理文獻集成》，旨在梳理和總結文獻中所藴含的歷史經驗和文化信息，爲當代及未來的黄河治理和地方文旅産業發展提供參考與借鑒。

感謝内蒙古民族文化産業研究院、巴彦淖爾市圖書館等单位的傾力相助，感謝内蒙古自治區黨委宣傳部、内蒙古出版集團、内蒙古人民出版社對本項目的支持與幫助。

在此，也向致力于黄河治理和大河安瀾的歷代先賢與當代典範表達崇高的敬意：你們的不懈努力與無私奉獻，爲黄河的安寧與人民的福祉築起了堅實的防綫；你們的智慧與勇氣，將永遠銘刻在中華民族的歷史豐碑上，激勵後人不斷前行。

董杰

二〇二五年一月

北疆文化